A BRIEF HISTORY OF EVERYTHING FOR CHILDREN

万物简史

少年简读版 ①

张玉光◉主　编

青岛出版集团 | 青岛出版社

图书在版编目（CIP）数据

万物简史：少年简读版.1/张玉光主编.--青岛：青岛出版社，2024.3
ISBN 978-7-5736-2065-1

Ⅰ.①万… Ⅱ.①张… Ⅲ.①自然科学—少年读物 Ⅳ.① N49

中国国家版本馆 CIP 数据核字 (2024) 第 053868 号

WANWU JIANSHI（SHAONIAN JIANDU BAN）

书　　名	万物简史（少年简读版）
主　　编	张玉光
出版发行	青岛出版社（青岛市崂山区海尔路 182 号）
本社网址	http://www.qdpub.com
责任编辑	朱　寰　刘　怿
封面设计	刘　帅
排　　版	青岛艺鑫制版印刷有限公司
印　　刷	青岛新华印刷有限公司
出版日期	2024 年 3 月第 1 版　2024 年 3 月第 1 次印刷
开　　本	16 开（889mm×1194mm）
印　　张	20
字　　数	400 千
书　　号	ISBN 978-7-5736-2065-1
定　　价	136.00 元（全四册）

编校印装质量、盗版监督服务电话　4006532017　0532-68068050

“寄蜉蝣于天地，渺沧海之一粟！”你有没有想过：能来这个世界走一遭，是一件多么幸运的事！这其中所涉及的世间万物，恐怕要远远超越你的想象。

经过行星们上亿年的撞击，陨石不断坠落，这才形成了地球初始的模样。伴着没完没了的火山喷发，宇宙射线与太阳辐射长驱直入，地球上有了氧气与海洋，在这颗蓝色的星球上随之出现了生命。自生命诞生，从单细胞到多细胞、水生到陆生、卵生到胎生、变温到恒温，生命一步一步艰难前行。自类人猿诞生之后，从树栖到洞居、森林到草原，在无比强大的自然面前，生活举步维艰。

在数不清的岁月里，成千上万的物种已经不复存在。虽然地球是唯一拥有生命的星球，但也算不上生物的天堂。大冰期、大型食肉动物的捕杀、无处不在的细菌病毒……人类经此种种，能够幸存下来实属不易。了不起的是，人类不但存活下来，还开始了认识世界、探索万物的科学进程。

在二三百万年前的原始社会，当时的人类为填饱肚子而苦恼，无论如何也想不到，自己的后代会为这些问题而陷入思考：宇宙是如何从大爆炸而来；太阳系中为何有恒星、行星、卫星、小行星、矮行星等；地球生命是如何从无到有，发展至今；人类是如何演化的，未来又会走向何方……

《万物简史》将告诉你这一切的答案。这本书涵盖的内容广泛，语言简洁明了，绘画生动写实，为读者们构筑了一个浩瀚而有趣的科普世界，让大家遨游科学的海洋，在轻松阅读之中，洞悉万物之奥妙。

目录
CONTENTS

第一章
宇宙的故事

第二章
宇宙中的太阳系

第一章 宇宙的故事

宇宙究竟有多大？宇宙里到底有没有外星人？如果有，外星人会和我们做朋友吗？相信你一定思考过这些问题。其实，在很久以前，我们的祖先就已经对这些问题产生了好奇。他们把目光瞄向天空，开始了对宇宙的思考与探索。

古人的宇宙观

宇宙是一个广袤无垠的世界。在茫茫宇宙中，我们所居住的地球只是其中一粒小小的微尘。从古至今，人们都对宇宙充满好奇，探索地球之外的事物成为人类遇到的最大的挑战之一。那么，在古人看来，宇宙是什么样子的?

▼ 星系

▼ 古代中国人认为“天圆地方”

古代中国人的宇宙观

中国人在很久以前就形成了自己的一套宇宙观。在中国古人看来，宇宙就像一个鸡蛋，而大地就像其中的蛋黄。大地是圆形的，天包裹着大地就像蛋壳包裹着蛋黄一样。

古埃及人的宇宙观

古埃及人的宇宙观和神话密切相关。在古埃及的创世传说中，努神从水中升起，手上托举着拉神的船。水是古埃及人眼中的万物之源，拉神则代表了太阳。

▼ 古埃及创世传说

古印度人的宇宙观

古印度人眼中的地球像一个倒置的碗，地球的下方有几只大象在支撑，而大象伫立在巨大的龟背上，地球、大象、龟又被一条巨大的蛇环绕。

▶ 古印度人设想的地球

巨蛇

陆地

巨象

巨龟

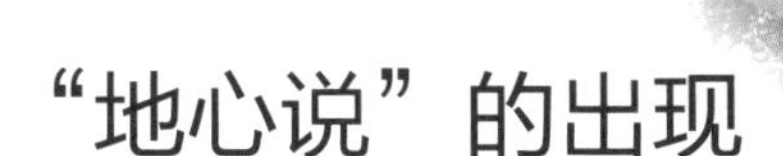

“地心说”的出现

各个国家在长期的实践中形成了自己对地球和宇宙的认知。公元2世纪，古罗马天文学家托勒密发表了著作《天文学大成》，提出了自己的宇宙结构学说。他通过观察太阳、月亮及其他行星的运动轨迹和规律，提出了著名的“地心说”。他认为地球是宇宙的中心，并且是一个静止的球体，太阳、月亮和星星都围绕着地球运转。

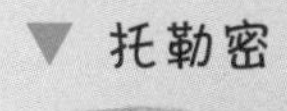
▼ 托勒密

▼ “地心说”示意图

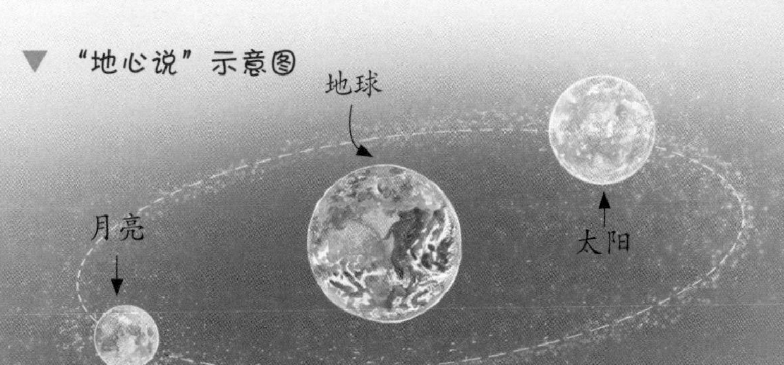

现代宇宙观的基石——“日心说”

由于“地心说”可以解释很多现象，也符合人们的信仰，直到14世纪，都没有人反对这种说法，加上罗马教会的支持，反对“地心说”的人只会被看成异类。直到16世纪初，一位波兰天文学家提出了不同的看法。

哥白尼的求学经历

哥白尼出生于波兰一个富裕的家庭。长大后，他对天文学产生了极大的兴趣。哥白尼23岁时来到文艺复兴的发源地——意大利求学，在攻读法律、医学和神学专业的同时坚持学习天文学知识，并从天文学家德·诺瓦拉那里学到了天文观测技术以及希腊的天文学理论。

▼ 哥白尼提出“日心说”，遭到了哲学家和教会反对

“日心说”的提出

哥白尼曾深入钻研过托勒密的著作，但他并不赞同托勒密的观点。他看出了托勒密的错误结论和科学方法之间的矛盾，决定去探索宇宙结构的新学说。通过长期观测，他发现地球并不是宇宙的中心，太阳才是。太阳位于宇宙的中心，地球和其他行星都是围绕着太阳在运转，这就是著名的“日心说”。

▲ 哥白尼的著作《天体运行论》

《天体运行论》出版

“日心说”提出以后，遭到很多传统哲学家和教会的反对，因为这颠覆了他们长久以来的认知和信仰。他们把哥白尼看作异类，把“日心说”看作异端邪说。但哥白尼依然坚持自己的观点，并在1543年出版了《天体运行论》。在这本书中，哥白尼提出的观测和计算数值非常精确，有些甚至和今天的科学数据都十分接近。

了解宇宙

虽然“日心说”也有缺陷，但它的提出还是引发了天文学革命，使人们逐渐从神学的束缚中解脱出来，同时也标志着近代天文学的开端。随着望远镜的发明和科技的发展，人们对宇宙的了解也越来越深入。到了20世纪，人们对宇宙已经有了一个基本的认识。说了这么多，我们还是一起去看看宇宙到底是什么吧！

宇宙是什么?

在我们眼里，宇宙是无边无际的，即使用最先进的望远镜也无法看到尽头。没有人知道宇宙的起点在哪儿，又将在哪里终结。实际上，宇宙包括天地间所有的一切。所有行星、恒星、星系以及时间和空间都是宇宙的一部分。

宇宙到底有多大?

地球大吗？很大，但地球只是太阳系中的一颗小小的行星。太阳系够大了吧？对我们来说确实是大，但像太阳这样的恒星在银河系中有千亿颗，数都数不清。再放眼整个宇宙，像银河系这样巨大的天体系统又有无数个。无数的星体和星系共同构成了广袤无垠的宇宙，地球在其中就像沙漠里一粒微不足道的沙子。

▲ 人们对宇宙的认识越来越深入

光年

光年是长度单位，光在真空中一年所经过的距离称为一个“光年”，大约是9.46×10^{12}千米。

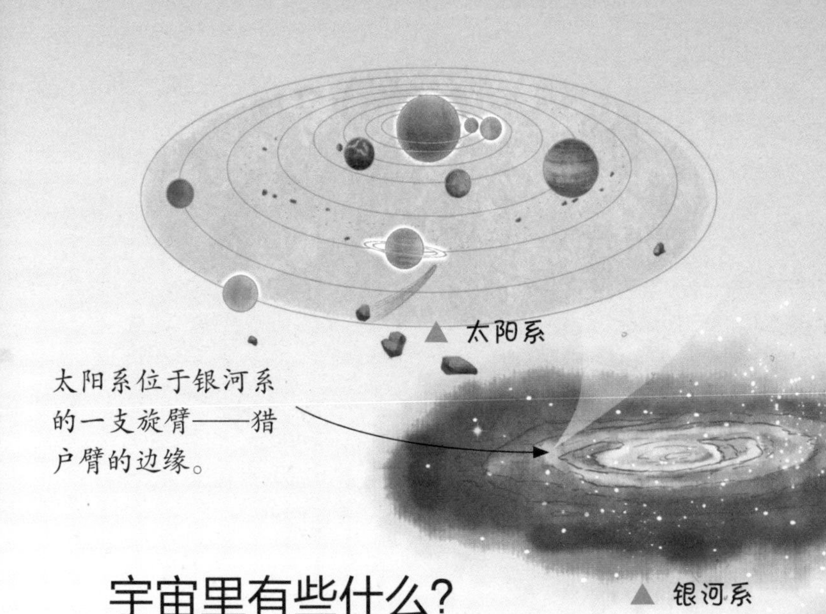
▲ 太阳系

太阳系位于银河系的一支旋臂——猎户臂的边缘。

▲ 银河系

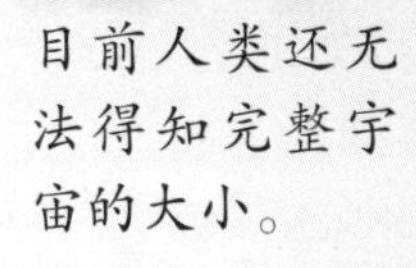
▲ 宇宙

目前人类还无法得知完整宇宙的大小。

宇宙里有些什么?

宇宙中最基本的天体包括恒星和星云，我们熟悉的太阳就是一颗恒星。包括地球在内的八大行星及其卫星，附近的小行星、彗星以及星际物质都围绕着太阳运转，和太阳一起组成了太阳系。1000 多亿颗像太阳一样会发光的恒星和其他星际物质组成了伟大的银河系，太阳系就位于其中。银河系以外的所有其他星系统称为“河外星系”，当星系聚集在一起，形成大大小小的星系集团，这就是星系团。每个星系团里都包含着成百上千个星系。

你能追上光的速度吗?

由于宇宙实在太大了，普通的长度单位无法表示宇宙的大小，于是人们发明了“光年”。但我们依然无法计算出宇宙的大小，因为宇宙在不断膨胀。这里所说的宇宙只是我们能观测到的宇宙，也可以称它为“总星系”。目前，人类观测到的最遥远的星系距我们约 137 亿光年。

▼ 宇宙的膨胀与连接设想图

宇宙是多元的吗?

有些科学家认为宇宙可能就像一个泡沫堆，其中同时存在着很多个宇宙。有的宇宙已经膨胀到一定程度，有的宇宙可能还没有开始膨胀，而两个宇宙之间可以通过黑洞相连接。不过，这仅仅是一种猜想。

宇宙大爆炸

自从“日心说”被提出，人们便把目光从地球移向更宏观的宇宙。1785年，英国天文学家赫歇尔试探性地绘制出了银河系的形状，人们才第一次了解到银河系的结构，世人的宇宙观从此发生改变。

▶ 哈勃

发现河外星系

20世纪20年代以前，人们普遍认为银河系是宇宙中唯一的星系。直到1924年，美国天文学家哈勃用大型望远镜观察宇宙时，发现宇宙深处有一个小光斑。经过研究发现，这个光斑和银河系一样是星系。这是人类第一次发现河外星系。很快，哈勃又通过望远镜发现了其他星系，这就证明了银河系不是宇宙中唯一的星系。

原来宇宙源自一个“点”

1929年，哈勃又公布了一个震惊世界的发现——越远的星系退行的速度越大。也就是说，整个宇宙在不断膨胀。另一位天文学家勒梅特想：既然宇宙在不断膨胀，那么肯定会有一个膨胀的起点，宇宙会不会是从这个起点诞生的呢？经过思考和研究，勒梅特在1931年提出，宇宙始于一个爆炸的“原始原子”，这就是著名的宇宙大爆炸理论的前身。

▼ 哈勃通过望远镜观测宇宙

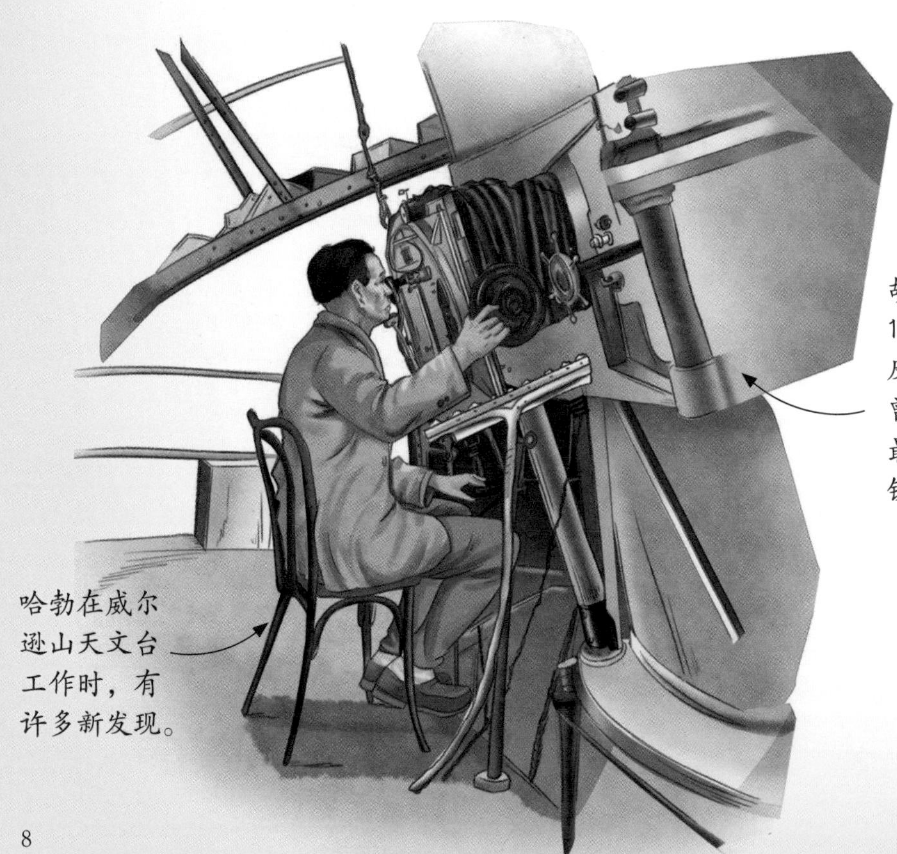

大爆炸理论讲了什么？

宇宙的爆炸不是普通爆炸，而是一种突然发生的、巨大的空间膨胀。宇宙大爆炸理论认为，在宇宙出现之前，整个世界只有一个非常小的点，我们称之为“奇点”。这个点具有许多神奇的特性——温度无限高、体积无限小、密度无限大。无边无际的宇宙正是从这个点起源的。

大爆炸发生在什么时候？

奇点是在多久之前突然膨胀出一个巨大的宇宙呢？学者们争论了很长时间，仍然得不到最终的答案。随着研究的深入，人们越来越倾向于 138 亿年这个数字。

▼ 天文学家认为宇宙由一场大爆炸而来

宇宙的起源

大部分科学家都比较认可大爆炸理论，因为它比较全面地解释了宇宙中出现的一些现象。

大爆炸之后

根据宇宙大爆炸学说，大约在 138 亿年前，炽热的奇点突然爆炸，接着迅速膨胀。就在这一瞬间，时间和空间同时产生了。在快速膨胀的过程中，宇宙的密度和温度不断下降，多种化学元素也随之出现。

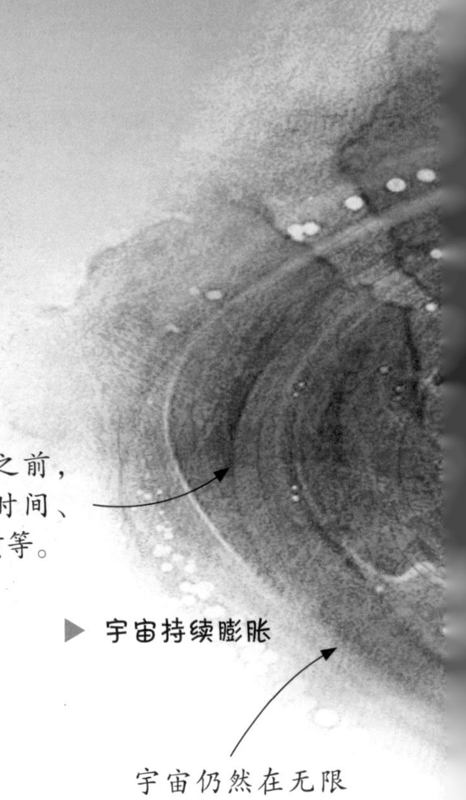

在大爆炸之前，并不存在时间、空间、物质等。

▶ 宇宙持续膨胀

宇宙仍然在无限地膨胀。

引力形成

奇点大爆炸之后，大概经过比 0.00001 秒还要小很多的 1 个普朗克时间，引力开始从其他基本力中分离出来并逐渐形成。

◀ 宇宙大爆炸示意图

普朗克时间

普朗克时间是时间的最小单位，1个普朗克时间等于 10^{-43}秒。

物质与反物质产生

1 秒钟后，宇宙的温度下降到了约 100 亿摄氏度。在这个过程中，宇宙释放出了大量能量，并促成了物质和反物质的产生。因为宇宙中的物质比反物质略多，所以才有了我们的世界。

反物质

反物质就是物质的相反状态，当二者相遇时，双方就会相互湮灭抵消，发生爆炸并产生巨大能量。

宇宙大爆炸学说认为，宇宙最初是一个奇点。

原子核形成

大爆炸后 3 分钟左右，宇宙的面积已经从无限小膨胀到硕大无朋，质子和中子有条件慢慢结合，氘、氦等元素的原子核形成。

原子形成

约过去了 30 万年，宇宙的温度进一步下降。在这段时间里，原子核捕捉到了宇宙中非常微小的粒子——电子，从而形成了第一批原子。当时，宇宙的主要成分是氢、氦、锂等。

▼ 奇点大爆炸

基本力

奇点在爆炸之时创造了四种基本力——引力、电磁力、弱力和强力。它们都发挥着非常重要的作用。引力使行星始终环绕着恒星运行，比如地球环绕太阳运行；电磁力是物质之间通过电磁场相互作用时存在的力；弱力控制着放射性现象，使恒星闪耀；强力则把原子核的质子和中子结合在一起。

经过了亿万年的发展和演变，宇宙中出现了第一道星光，恒星、星系等开始形成并逐渐把宇宙填充起来。我们所在的太阳系、地球也随之出现。

▼ 原子的形成

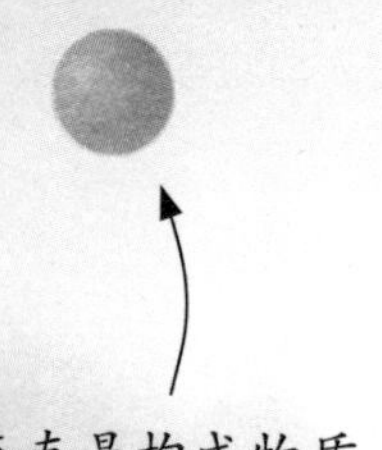
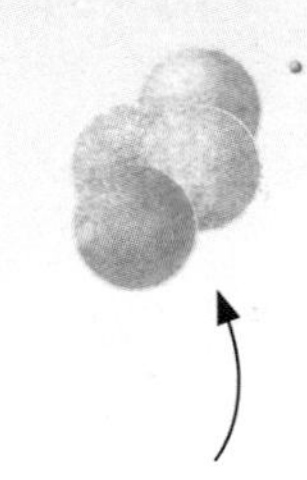
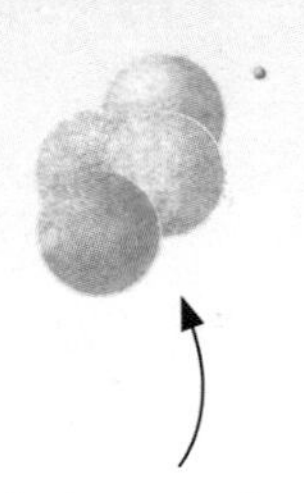

恒星是一种由炽热气体组成、能自己发光发热的天体。太阳就是一颗恒星。

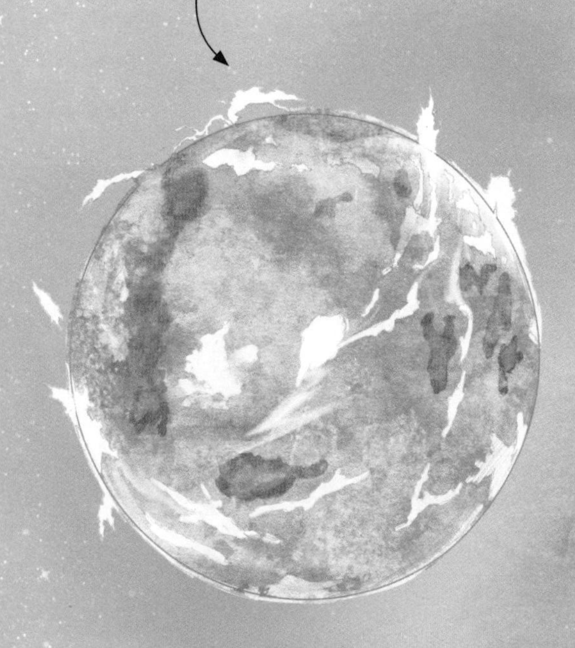

恒星

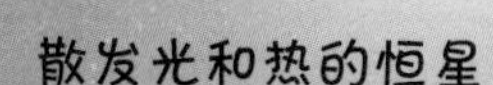

散发光和热的恒星

恒星诞生

大爆炸之后，当宇宙已经膨胀到足够大的时候，大量的氢、氦等元素在引力作用下开始凝聚成密度较高的团块，称为“星云”。一些天文学家认为，这些星云就是恒星的前身。当星云不再收缩，达到一种平衡的状态，就成了一颗恒星。

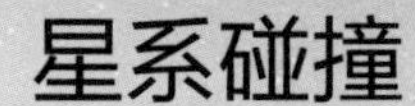

星系碰撞

恒星诞生之后，星系也逐渐产生了。年轻的恒星和稠密的气团在引力作用下聚集在一起，不断形成新的恒星和规模比较小的星系。不久，星系之间开始发生碰撞，并形成了更大的星系。

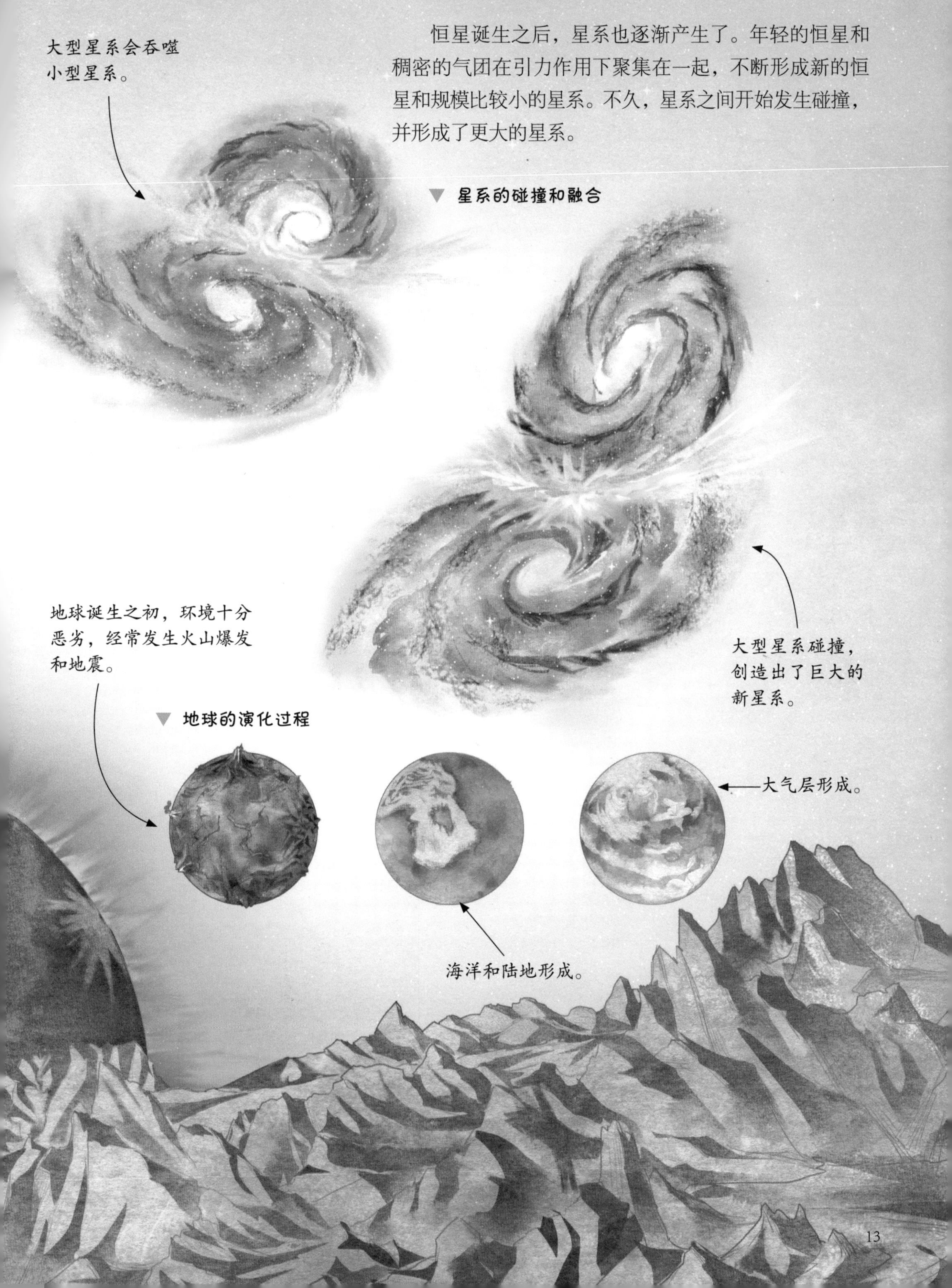

银河系诞生

银河系的成因是一个重要的课题。关于银河系的形成，天文学家们提出了各种看法：有人认为，银河系是由一个大致为球形的原初星系云坍缩而成；也有人认为，银河系是由几十个较小的星系云合并而成。无论如何，银河系的形成都是一个漫长的过程。银河系一直在成长，不断有新的星团加入。在过去的 100 多亿年间，银河系集合了上千亿颗恒星，经过漫长的发展和演变，才形成了现在的样子。

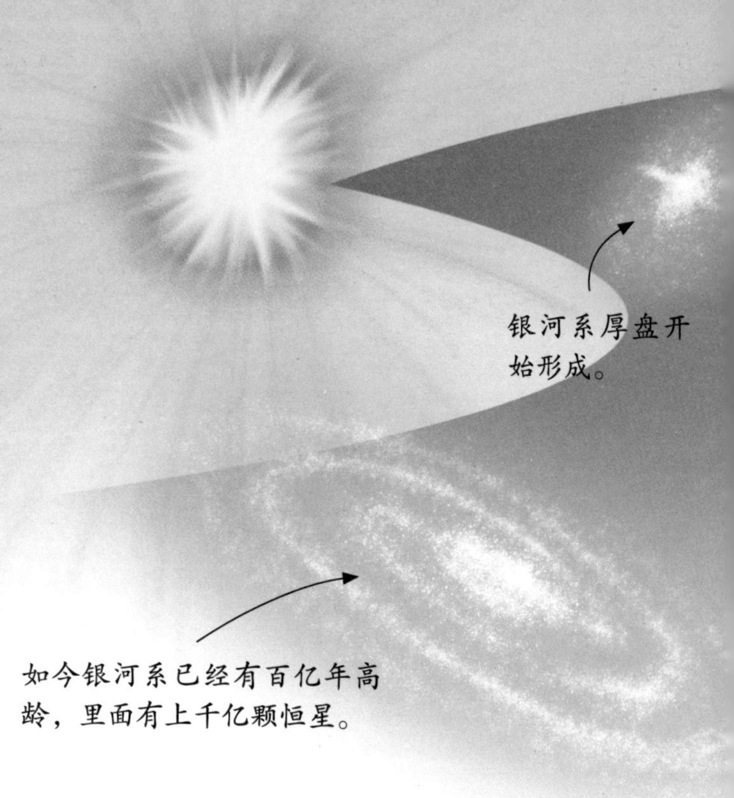

▲ 银河系的集成和演化

太阳和地球诞生

大约 46 亿年前，银河系的某一位置发生了引力坍缩，充满气体和尘埃的云状物坍缩成盘子的形状，引力把一团团的物质拉到一起，形成了炽热致密的原恒星。太阳就是其中之一。没过多久，一个个围绕着太阳旋转的小星球出现了，其中就有我们的地球。

▼ 太阳系中行星的形成

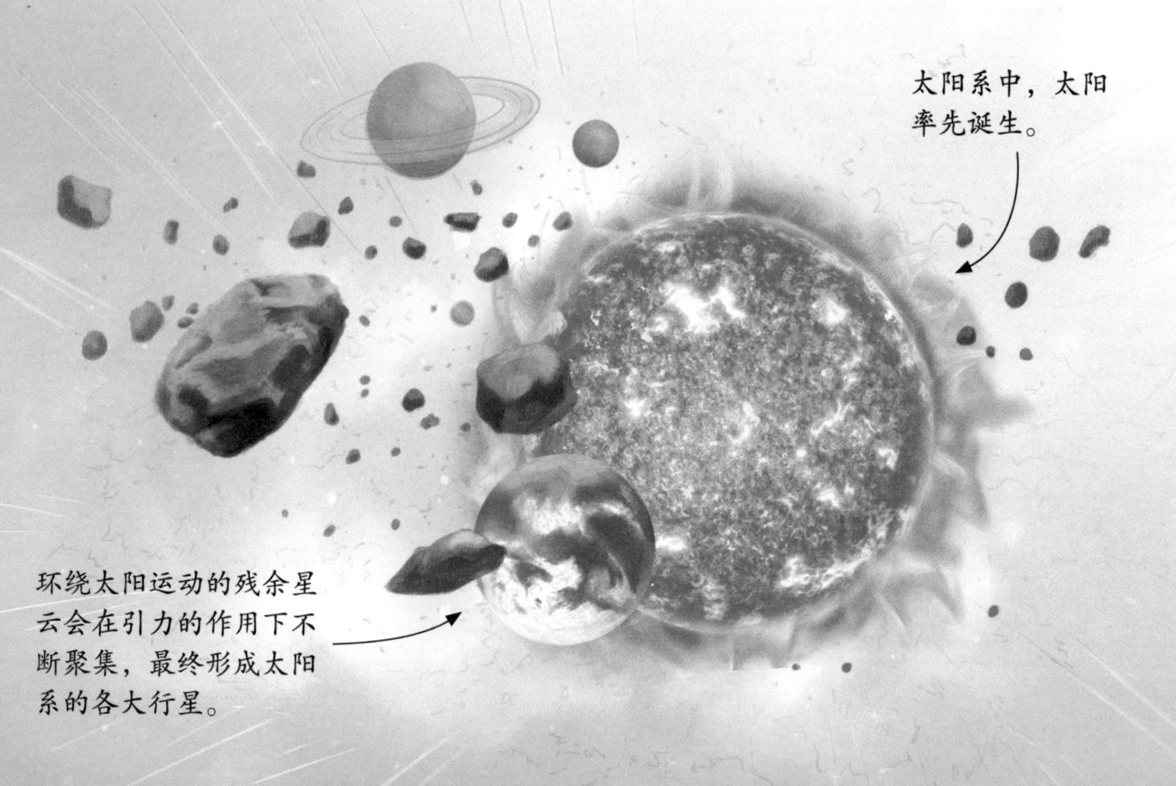

▲ 银河系结构

人类诞生

人类现在正生活在围绕太阳旋转的一个星球——地球上。我们在并不长的时间里产生了文明和现代科学，并有了足够的智慧，去思考和探索宇宙的起源和未来。

▼ 现代人类的生活场景

大爆炸的实证

宇宙大爆炸理论确实解释了很多宇宙现象，但这仅仅是关于宇宙起源的一种科学假说。科学家们还提出了很多其他的理论和设想，并在很长时期内争论不休。后来，有两位科学家无意中发现了一种奇怪的现象，为大爆炸理论提供了很好的证据。

令人头疼的噪音

1964 年，天文学家彭齐亚斯和威尔逊在实验室工作时，想用一根大型通信天线进行实验，但在实验的过程中一直受到一个背景噪音的干扰。他们想了很多办法去除这种噪音，但奇怪的是一点儿效果都没有。这究竟是怎么回事呢？

▲ 宇宙背景辐射图

▼ 彭齐亚斯和威尔逊使用的天线

伽莫夫的假设

1948 年，宇宙学家伽莫夫预言了宇宙背景辐射的存在。20 多年后，以迪克为首的研究人员试图寻找这种辐射。在彭齐亚斯和威尔逊发愁怎么去除实验的噪音时，迪克也在为寻找这种辐射犯难。这种噪音和背景辐射有关系吗？

诺贝尔奖的奖项领域包括物理、化学、生理学或医学、和平、文学。

▲ 诺贝尔奖章正面

误打误撞的诺贝尔奖

彭奇亚斯在大学的一次讲座中论述了自己的发现。现场听讲座的迪克意识到，那正是他与研究人员们苦苦寻找的东西。没多久，彭齐亚斯和威尔逊在美国的《天体物理学报》上公布了他们的发现，迪克及其团队也在同一期杂志上发表论文解释了这个发现的意义。最终，噪音的发现者彭齐亚斯和威尔逊获得了 1978 年的诺贝尔奖，尽管他们最初并不知道自己发现的是什么。

彭齐亚斯二人本想用它来研究如何改进卫星通信。

宇宙背景辐射究竟是什么？

宇宙背景辐射其实就是宇宙大爆炸留下的余光，经过漫长的时间和距离后变成了微波，最终抵达地球。宇宙背景辐射告诉我们很多关于宇宙很久以前是什么样子的重要信息。根据大爆炸理论，早期的宇宙非常热，充满了辐射，随着宇宙的膨胀和冷却，这些微波辐射最终被释放出来。可以说，宇宙背景辐射是大爆炸理论的证据。

宇宙的未来

人类对未来总是会有一些想象。现在，我们已经大致了解了宇宙的起源，那它是否也会有结束的那一天呢？未来的宇宙会变成什么样子，又会发生哪些神奇莫测的事情呢？

宇宙有形状吗?

科学家通过研究发现，宇宙是有形状的，形状取决于它所包含物质的密度。当密度大于临界值，宇宙是封闭的，呈球形；当密度小于临界值，宇宙就是开放的，形状像一个马鞍。根据科学家的观测，现在宇宙的密度已经接近它的临界值，因此形状是平坦的，无边无际，并且将无限膨胀下去。

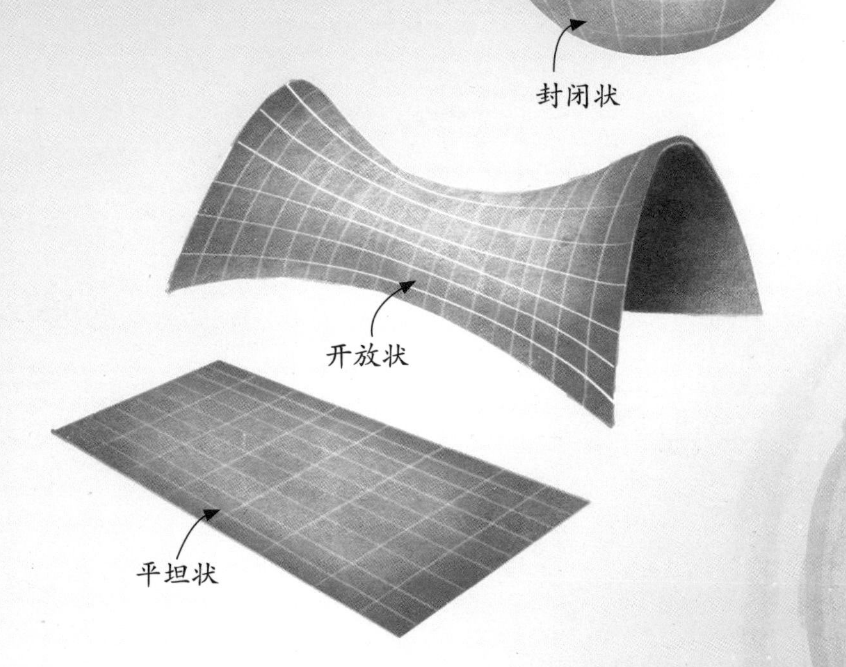

▲ 宇宙的形状

宇宙可能会坍缩

既然宇宙一直处在膨胀中，那么星系之间肯定也会离得越来越远。但是宇宙不可能永远膨胀下去，按照大爆炸理论，宇宙膨胀的最大原动力就是大爆炸产生的力量，但这股力量会因为时间的推移而衰减。之后，宇宙会在引力的作用下坍缩，星系也会慢慢靠拢，一切物质将重新归聚在一起，这时就可能会发生一场大挤压。

宇宙可能会走向死寂

那么，假如宇宙没完没了地膨胀下去，永远不停止，最终会变成什么样子呢？到那时，星系之间会离得越来越远，总有一天，将没有足够的气体来形成新星球。现在已经存在的星球也会慢慢变冷，然后逐渐消失。到那时，一切都将不复存在。

目前，宇宙并非是平稳膨胀，而是处于加速膨胀之中。

▲ 膨胀的宇宙

▼ 吞噬一切的黑洞

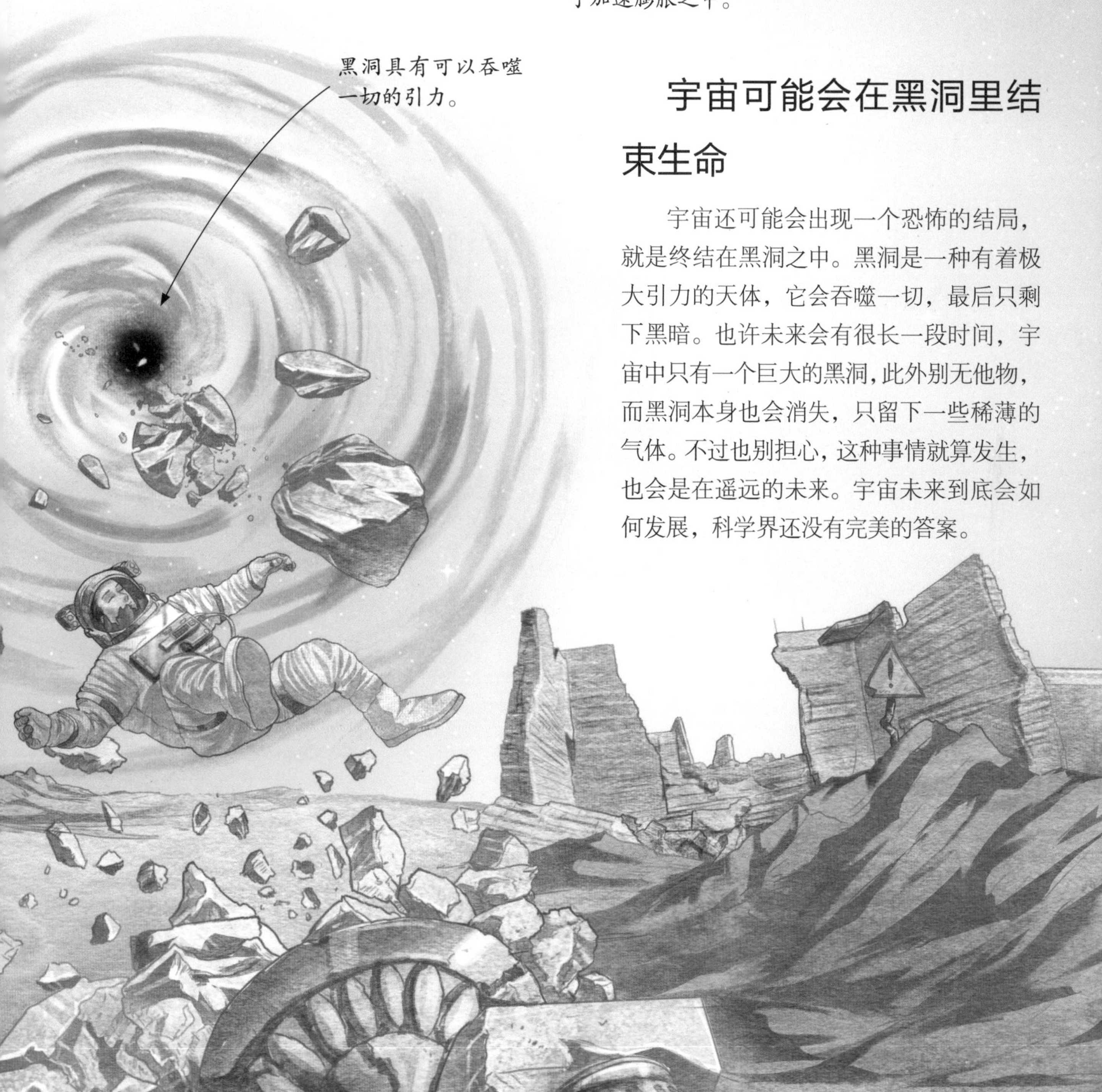

宇宙可能会在黑洞里结束生命

宇宙还可能会出现一个恐怖的结局，就是终结在黑洞之中。黑洞是一种有着极大引力的天体，它会吞噬一切，最后只剩下黑暗。也许未来会有很长一段时间，宇宙中只有一个巨大的黑洞，此外别无他物，而黑洞本身也会消失，只留下一些稀薄的气体。不过也别担心，这种事情就算发生，也会是在遥远的未来。宇宙未来到底会如何发展，科学界还没有完美的答案。

星系

假如今晚夜空晴朗，你会看到非常多的星系，多到数不胜数。如果把宇宙比作海洋，那么星系就相当于海洋中一个个岛屿。在数量众多的岛屿上“居住”着无数恒星和各种天体，它们都是无边无际宇宙的组成部分。

什么是星系？

从天文学上讲，由巨大的恒星及星际尘埃组成的运行系统叫作“星系”。第一批星系产生于大爆炸后不到 10 亿年的时间内，最古老的星系可以追溯到 133 亿年前。

▲ 天文学家对星系进行研究

▼ 不规则星系

不规则星系没有确定的形状，天文学家称它为“特殊星系”。

星系的起源

在宇宙形成的初始阶段，原始能量的爆发令年幼的宇宙迅速膨胀并降温，引力开始发挥作用。有一种说法是，原子产生后，在引力的作用下逐渐聚集在一起，形成了较小的结构，星系就是由这些结构逐渐合并而成的。

给星系分类

星系按形态可以分成三大类：椭圆星系、旋涡星系和不规则星系。旋涡星系就像一个旋涡，中间有一个明显的核心，核心球外是一个薄圆盘，还有几条旋臂。椭圆星系的外形呈圆形或椭圆形，没有旋臂和盘等结构，主要由一些老年的恒星组成。不规则星系，听名字就知道它的形状很奇怪，它没有明显的核和旋臂，数量也很少。

▼ 旋涡星系

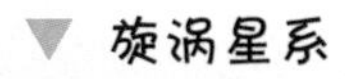

颜值很高的旋涡星系

旋涡星系是“星系天团”中的“颜值担当”，外形非常美丽。从星系的中心螺旋式地伸展出若干条狭长而明亮的旋臂，大多数恒星正是在这里诞生。在我们所处的银河系中，离我们很近的仙女座以及大熊座内都有发展完善的旋涡星系。

旋涡星系的形成

旋涡星系是怎么形成的呢？很多科学家认为旋涡星系的旋臂上布满恒星，磁力线延伸至两臂之间，在引力的作用下集合在一起，然后围绕着云团中心旋转，最后形成了旋涡星系。

▼ **椭圆星系**

内部有很多年老的恒星。

▶ **大熊座**

大熊座面积巨大，其中有星云、星团和星系。

银河系

最初人们以为地球是宇宙的中心，后来才发现，地球只是太阳系中一颗不大不小的行星。随着认识的加深，人们发现太阳系其实处于一个更大的星系之中，这就是银河系。在古代，晴朗的夏夜，人们仰望星空，一条银色光带高高悬挂，人们称之为“银河”。这道银河其实就是银河系的一部分。

银河系是什么星系?

银河系是旋涡星系中的棒旋星系，因为在它的核心处有一个棒状的结构。大量的恒星、星团、星云以及各种类型的星际尘埃都住在银河系中，我们的太阳系就位于它其中的一条旋臂上。银河系的直径大约有 8.2 万光年，总质量达到太阳的 1400 亿倍，你简直想象不到它有多大!

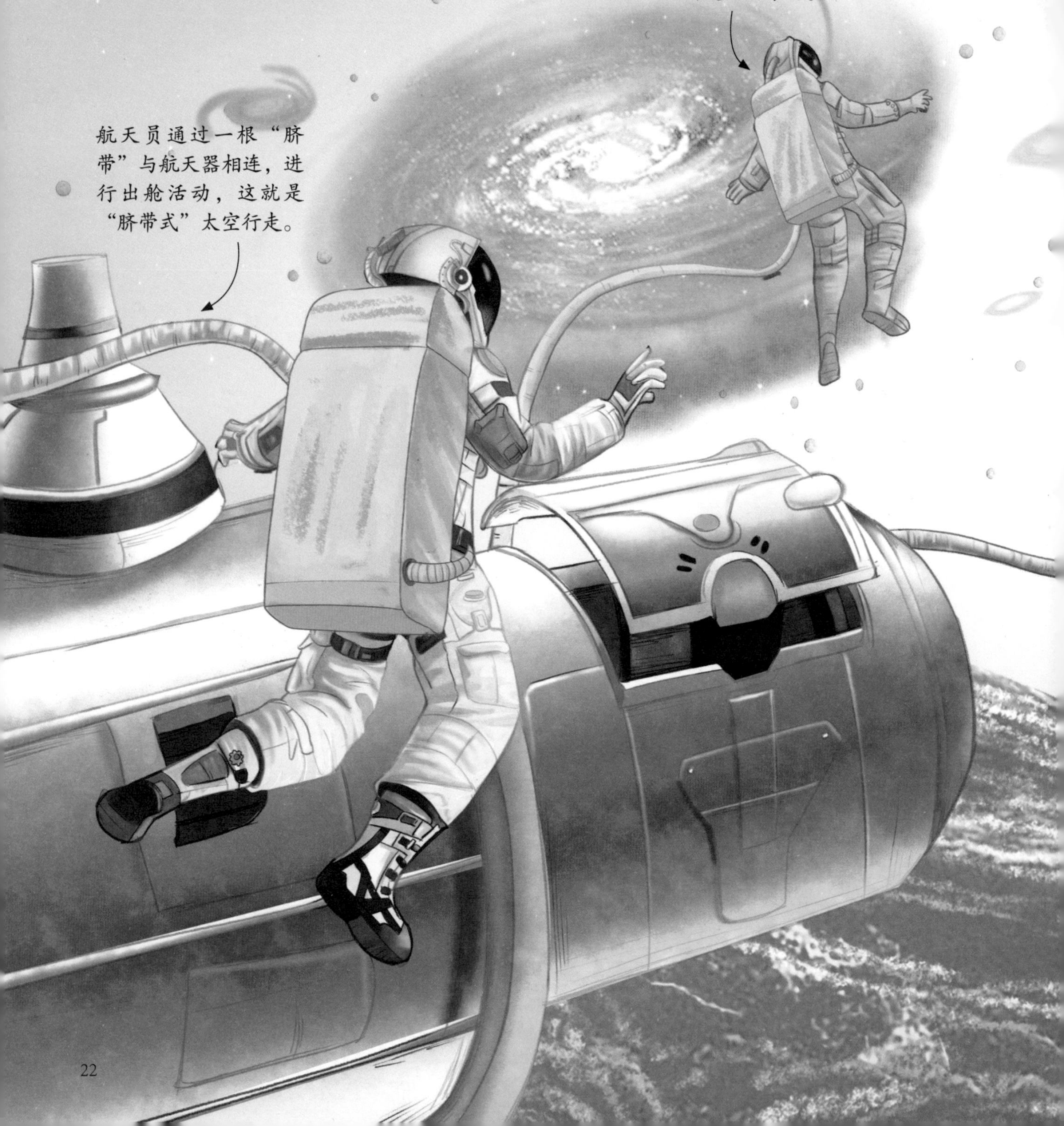

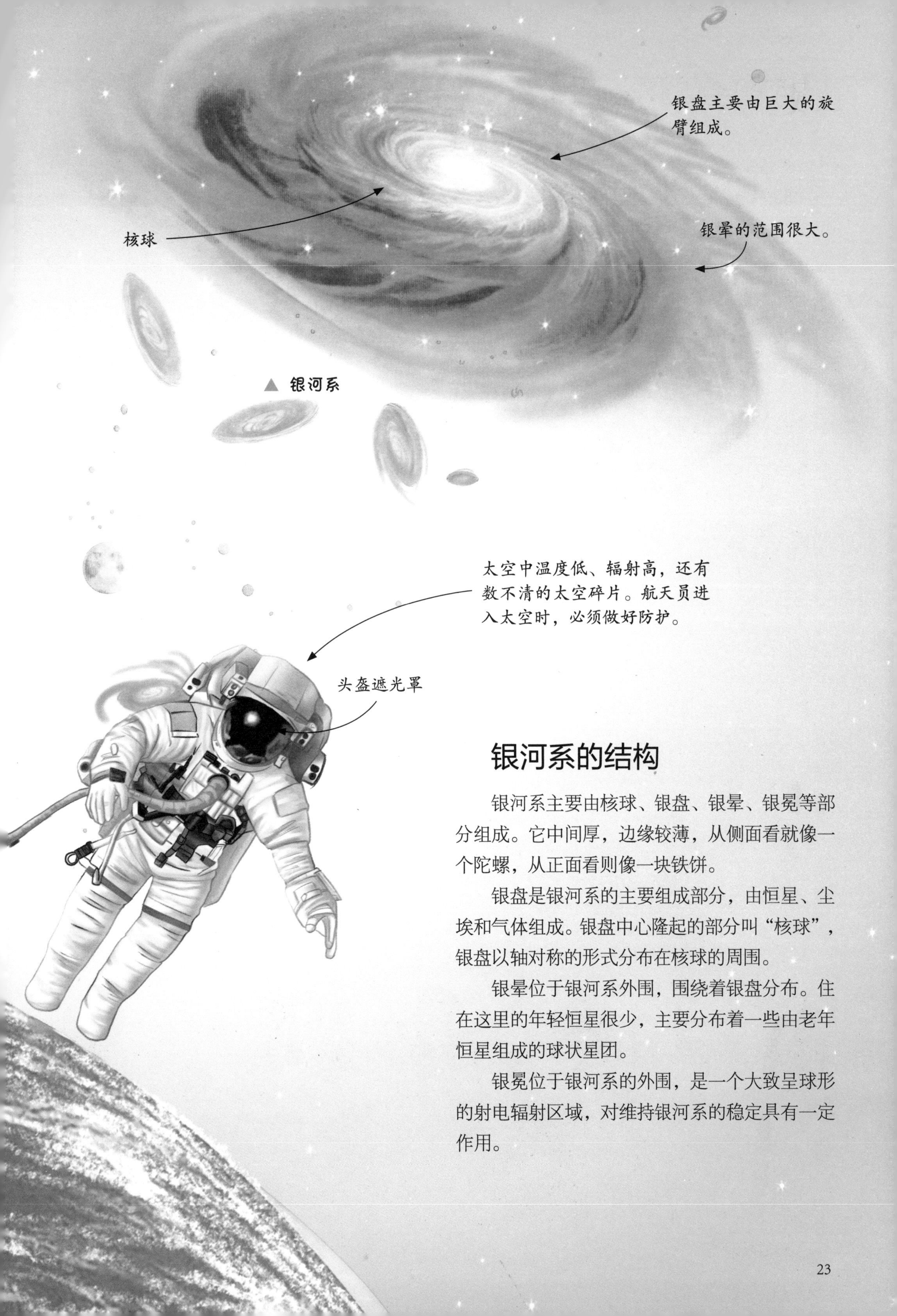

银河系的结构

银河系主要由核球、银盘、银晕、银冕等部分组成。它中间厚，边缘较薄，从侧面看就像一个陀螺，从正面看则像一块铁饼。

银盘是银河系的主要组成部分，由恒星、尘埃和气体组成。银盘中心隆起的部分叫“核球”，银盘以轴对称的形式分布在核球的周围。

银晕位于银河系外围，围绕着银盘分布。住在这里的年轻恒星很少，主要分布着一些由老年恒星组成的球状星团。

银冕位于银河系的外围，是一个大致呈球形的射电辐射区域，对维持银河系的稳定具有一定作用。

银河系的旋臂

银河系是一个典型的棒旋星系，从中心向外延伸形成了旋臂。银河系的主要旋臂有英仙臂、人马臂、本地臂、三千秒差距臂等。

人马－船底臂是银河系中最大的旋臂之一，也是离银心最近的一条主旋臂。

本地臂也叫“猎户臂”，由年轻的恒星、气体以及尘埃组成，这里是产生新恒星的主要区域。我们居住的太阳系就位于本地臂的内侧。

三千秒差距臂和银心的距离大约是 1 万光年，并且还在以一定的速度向外膨胀。

英仙臂位于银河系的外围，由一系列不连贯的年轻恒星和星云共同组成。

▼ 银河系

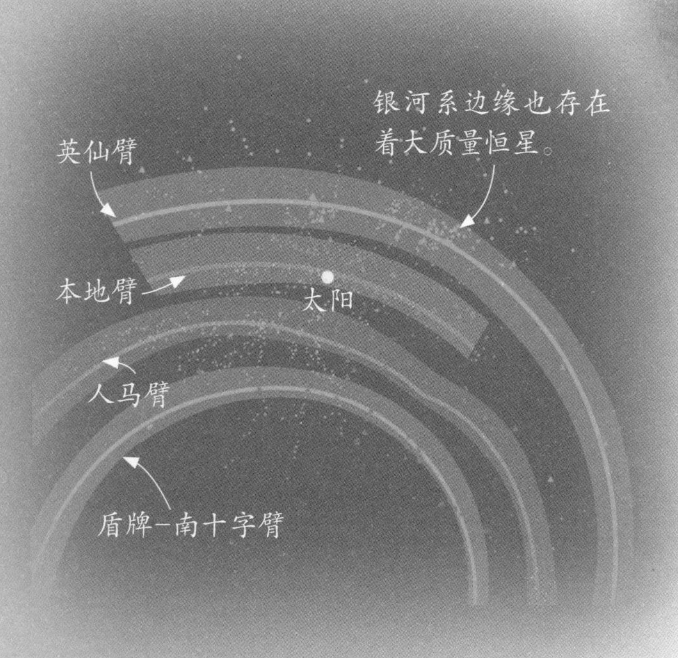

◀ 银河系旋臂的位置关系

银河系的运动

世间万物都是运动的，银河系也不例外。科学家们通过观察河外星系相对于银河系的运动，发现银河系正以每秒200多千米的速度向麒麟座的方向移动。除此之外，银河系里所有的天体都围绕着银心转动。因为每个天体和银心的距离不同，受到的引力大小有别，所以旋转速度不一样。

麦哲伦云

麦哲伦云到底是什么呢？是一朵云吗？当然不是。大小麦哲伦云非常靠近银河系。如果你此刻位于南半球，就可以在夜空中清晰地看到两个麦哲伦云。

▼ 大小麦哲伦云

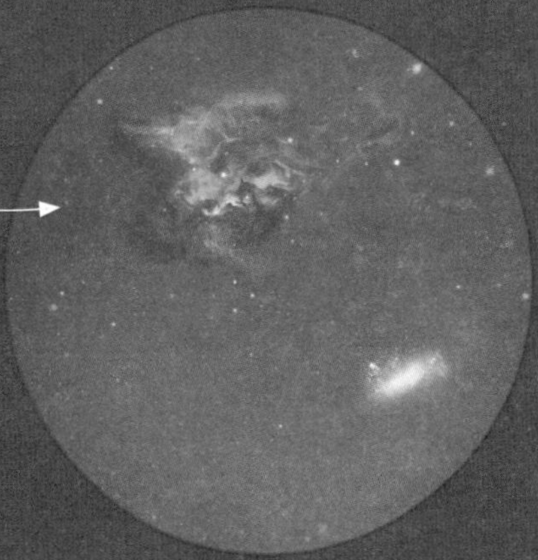

大麦哲伦云距离地球约16万光年。

河外星系

20世纪20年代，天文学家哈勃发现了一种叫作“造父变星”的天体，计算出它的距离后，确认它是银河系以外的天体系统，也就是“河外星系”。河外星系大约有千亿个，但在地球上肉眼可见的只有寥寥几个，大麦哲伦云和小麦哲伦云就是其中两个。

▼ 麦哲伦

为什么叫“麦哲伦云”？

麦哲伦是第一个环游世界的人，也是第一个在南半球发现麦哲伦云并做精细描述的人，于是他的名字就被用来命名这一大一小两个星系。人们一度认为麦哲伦云是银河系的卫星星系，在引力作用下和银河系相连。但最近的研究发现，它们其实是我们的邻居。

麦哲伦船队完成了人类首次环球航行。

大麦哲伦云

大麦哲伦云是两个星系里比较大的那个，中心的星系棒和旋臂说明它在过去可能是一个旋涡星系，后来在银河系的引力作用下，慢慢被拉伸成不规则星系。当你仔细观察大麦哲伦云，会发现里面有许多色彩鲜艳的气云，这可能是几千年前星系内超新星爆炸留下来的痕迹，至今还在不断扩散。

▶ 蜘蛛星云

大麦哲伦云中有一个庞大的产星区——蜘蛛星云。如果你仔细观察它，就会发现它的轮廓很像蜘蛛，这也正是它名称的由来。

蜘蛛星云中有许多大质量恒星。

小麦哲伦云

小麦哲伦云位于距离太阳系约 20 万光年的地方，比大麦哲伦云要稍微远一些。它的直径大约是 2 万光年，质量大约是太阳的 20 亿倍。小麦哲伦云活跃在南半球的上空中，是人类可以用眼睛看到的最遥远的天体之一。

麦哲伦星流

20 万光年的距离虽然遥远，但相对于宇宙的广阔，麦哲伦云就相当于位于银河系的家门口。有一条麦哲伦星流延伸环绕着半个银河系，科学家认为它可能是麦哲伦云经过银河系时脱落留下的物质形成的。

麦哲伦星流中大部分是氢气。

银河系

▶ 麦哲伦星流

星流

暗物质与黑洞

暗物质、暗能量、黑洞、白洞……这些名词经常出现在科幻电影里，你知道它们到底是什么吗？

“恐怖”的黑洞

黑洞会吞噬周围的一切，连光线都不放过，并且只进不出。如此恐怖的黑洞是怎样形成的呢？当一颗恒星将要死亡的时候，燃料燃尽的核心再也不能支撑起庞大的体积，于是开始坍缩，直到形成黑洞。在这个过程中，由于高质量而产生的巨大引力，会将靠近它的一切都吸进去。

▲ 天文学家们探讨宇宙问题

白洞存在吗？

曾经有科学家提出，宇宙中既存在黑洞，也存在白洞。黑洞和白洞的功能截然相反。黑洞将周围的物质全部吞噬，而白洞却只发射不吸收。有人认为，黑洞和白洞是相连的，白洞会将黑洞吞噬的物质“吐”出来，送入另外一个宇宙空间。不过到目前为止，白洞还只是一个存在于理论中的名词。

宇宙中最神秘的物质

要说宇宙中最神秘的物质，当然是暗物质了。在整个宇宙中，像恒星、行星等可见物质只占很小一部分，它们无法产生足够强大的引力来形成星系。于是天文学家认为宇宙中一定存在不可见但能产生引力、会对其他天体产生影响的暗物质。

▲ 暗物质分布图

暗物质的分布

科学家们用计算机技术模拟出了暗物质的分布图。其中，越是明亮的区域，暗物质含量越高，中心的亮色区域暗物质含量最高。

▲ 虫洞

可以吞噬一切的黑洞

恒星

在宇宙中，恒星普遍存在，如同地球上的沙粒那样数都数不清。银河系中就有数千亿颗恒星，对人类生存至关重要的太阳就是银河系中一颗非常普通的恒星。

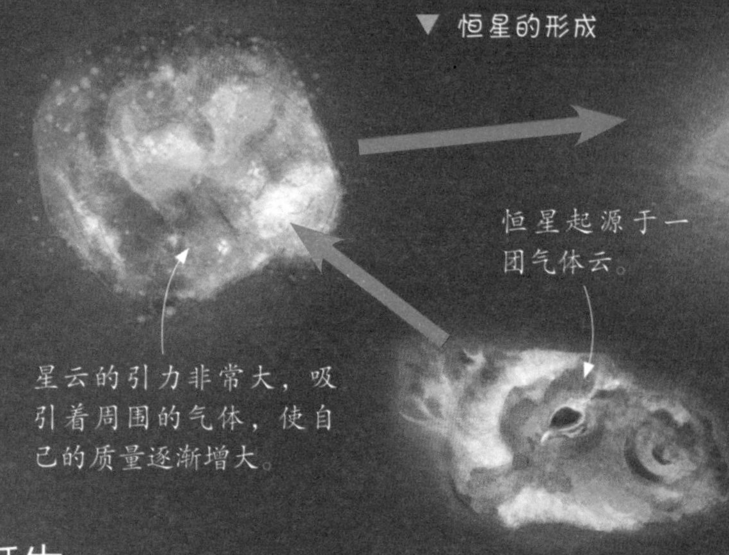

▼ 恒星的形成

▲ 恒星的氢核

恒星的诞生

一颗恒星的形成是一个漫长过程，这个过程首先是从星云开始的。星云在引力的作用下将尘埃和气体颗粒聚集在一起，逐渐成团。它的中心越来越大，温度也越来越高。达到一定温度后，热核反应开始了。这时，它已经成为一个稳定的、发光的球体，一颗成熟的恒星就这样诞生了。

夜空中的星星

每一颗恒星都是一个炽热、发光、旋转的“气球”，主要是由气态物质构成。由于白天有太阳的照射，我们用肉眼无法看到其他恒星，只有在夜晚才能看到它们的身影。凝望夜空，你很难发现天上的恒星有什么不同，因为它们离地球的距离实在太远了。但实际上，它们的大小、重量、温度都有极大的差别。

星云的密度逐渐增大，中间的气体在不断挤压下形成了高密度、高质量的球体。

恒星形成

恒星的养料

恒星漫长的一生主要依靠氢来存活，氢是它的养料。氢在热核反应中聚变成氦，能量在这个过程中被释放出来，并从恒星的中心到达表面，最终以光和热的方式散发出去。这也是太阳能够赋予地球温暖的原因。

恒星的年龄

宇宙中的大多数恒星都在 10 亿岁到 100 亿岁之间，但也有一些“老寿星”。它们在宇宙诞生没多久时就形成了。目前发现的最年长的恒星大约已经 136 亿岁了。

▲ 太阳供给地球光和热

恒星的自行

宇宙中的万物都处于不断的运动中，恒星也不例外。但由于恒星离我们太过遥远，肉眼无法看出它们的变化，只有通过科学的测量才能发现恒星的位移。通常来说，一颗恒星被观测到的位移越大，说明它离太阳系越近。

◀ 射电望远镜列阵

恒星的演化

质量越大的恒星寿命越短暂，因为大质量恒星燃烧氢的速度很快，通常只有几百万年的寿命。而小质量恒星以很慢的速率燃烧氢，寿命可以达到上百亿年。恒星的一生经历几个阶段，最后会变成一个黑矮星或者其他天体。这中间究竟发生了什么呢？

▲ 超新星爆炸

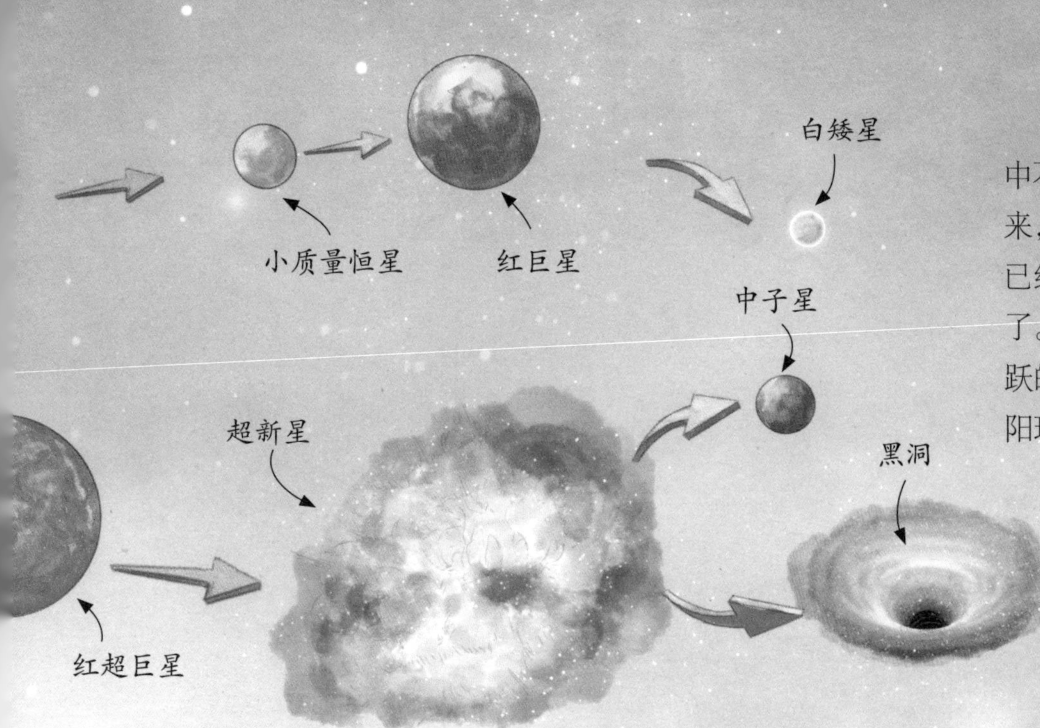

▲ 恒星的一生

主序星

恒星在核聚变的过程中不断成长，当它稳定下来，就代表它“成年了”，已经是一颗合格的主序星了。这是恒星一生中最活跃的时期，我们熟悉的太阳现在就处在这个阶段。

红巨星和红超巨星

当恒星把核心的燃料烧完，它就不再年轻了。逐渐衰老的恒星变成了巨大的红巨星，看上去明亮火红。

和太阳差不多大小的恒星会变成红巨星，而质量比太阳大很多的恒星则会变成红超巨星。然后，一系列新的核反应又开始了。

白矮星

红巨星仍然在变老，当其中的核能耗尽以后，所有核反应都会停止，令它逐渐收缩成白矮星。这时已是恒星生命的最后阶段，矮小的身躯会散发出最后的余热，然后逐渐衰弱，最终变成寒冷的、我们肉眼看不见的红矮星、黑矮星。

超新星和中子星

一些质量大的恒星，在生命即将终结时会突然发生大爆炸，这就是超新星爆发。爆炸的恒星有的会剩下内核，最终坍缩成中子星或黑洞。

追寻超新星

此刻我们所看到的恒星并不是它们现在的样子，而是它们的光射出时的状态。现在夜空中某颗明亮的恒星可能在很久以前就以爆炸这种惨烈的方式终结了，只是因为距离太过遥远，消息还没传到地球罢了。

大质量恒星的“暴亡”

超新星爆发事件相当于一颗大质量恒星的“暴亡”，能在瞬间释放出太阳一生的能量。假如超新星爆发发生在离我们较近的地方，整个地球将不复存在。

▲ 巴德和兹威基

超新星是什么

19 世纪 30 年代，天文学家巴德和兹威基观测到星体的爆发事件时，第一次用到了“超新星”这个名词。超新星不是星，而是恒星发展过程中的一个阶段。当超新星爆发，剧烈爆炸的恒星会变得极为明亮，甚至能够照亮所在的整个星系。

▼ 如果地球附近发生超新星爆发

超新星爆发会产生超强的辐射，强大的辐射波会逐渐向四处扩散。

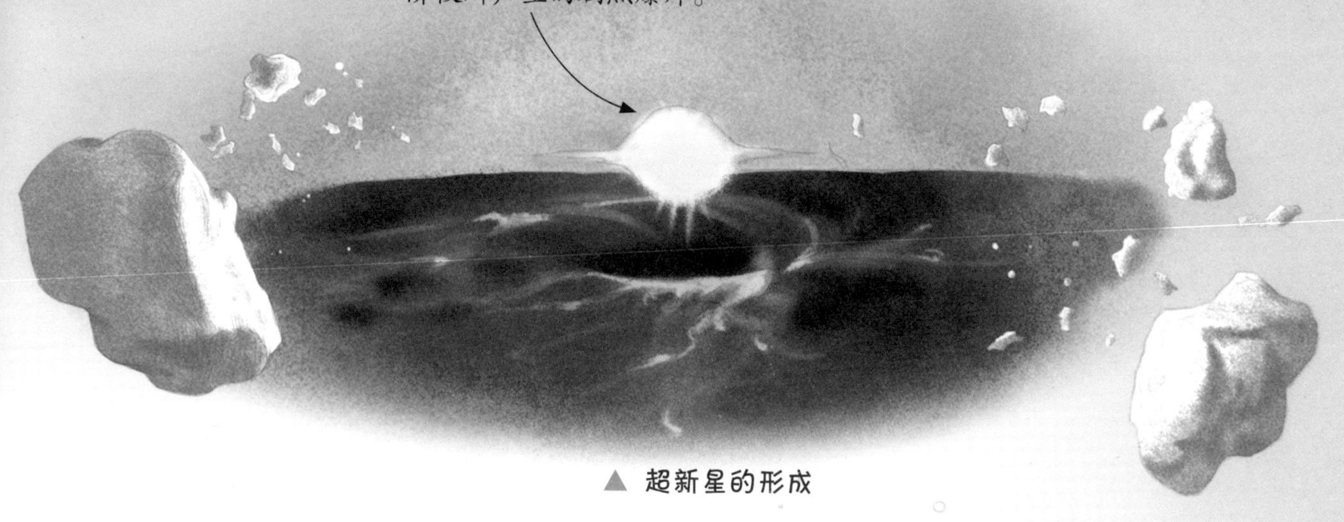

▲ 超新星的形成

幸运的事情

幸运的是，超新星并不会对我们产生太大的影响，因为超新星非常少，只有比太阳大许多倍的恒星才有资格成为超新星。在同银河系差不多大小的星系中，平均几百年才会出现一颗超新星。更重要的是，它们一般都离我们很远。

重元素的来源

对于宇宙来说，超新星不只是一闪而过的光点，它们很可能是重元素的“创造者”。宇宙大爆炸时产生了氢、氦等许多轻元素，却没有创造出原子质量较大的重元素，它是在后来的时间里通过各种方式产生的。超新星爆炸会释放出足够的能量来产生新元素，那些重于铁的元素几乎都是在超新星爆发时合成的。

▼ 在地球上看到超新星爆发

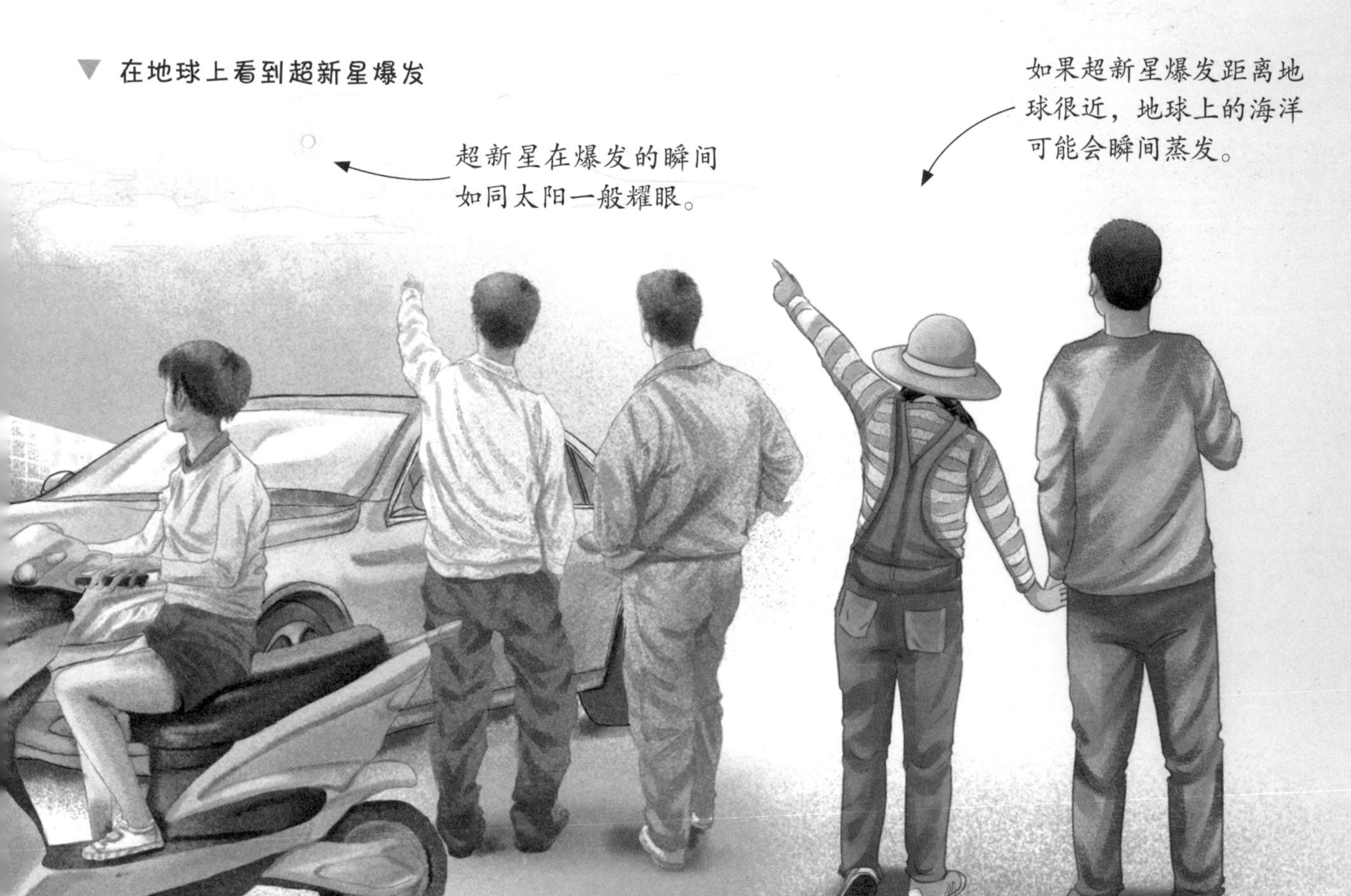

宇宙中有外星人吗?

我们总能听到一些新闻报道：某地出现了神秘的 UFO，在某地又有人碰上了外星人，等等。这些新闻或者传言最后都被否定，几乎都是哗众取宠的谣言或者无聊的恶作剧。那么，外星人真的存在吗？

争议一直存在

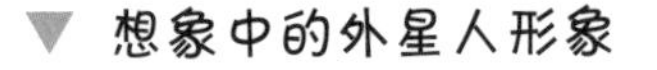
▼ 想象中的外星人形象

对于宇宙中是否存在外星人这个问题，科学界一直存在很大的争议。大多数科学家都相信宇宙中存在着外星生物。因为可以观测到的宇宙如此之大，太阳系只是沧海一粟，和地球条件差不多的星球可能有上百万个甚至更多，在遥远的宇宙中有生命存在是完全可能的事情。

外星人也许拥有超人的智慧。

生命存在的条件

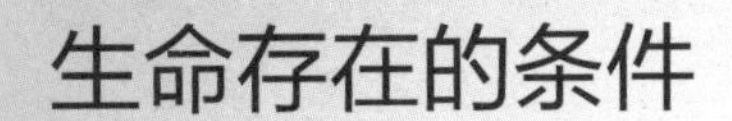

首先我们来思索一下生命存在的前提条件，那就是水、阳光和空气。人类生存的地球具备这三个条件，所以地球上存在着多姿多彩的生命。而像金星、火星等太阳系里的其他行星，不是没有水，就是阳光太强或太弱，或者是大气有毒，所以地球是太阳系里唯一一个有生命繁衍生息的星球。

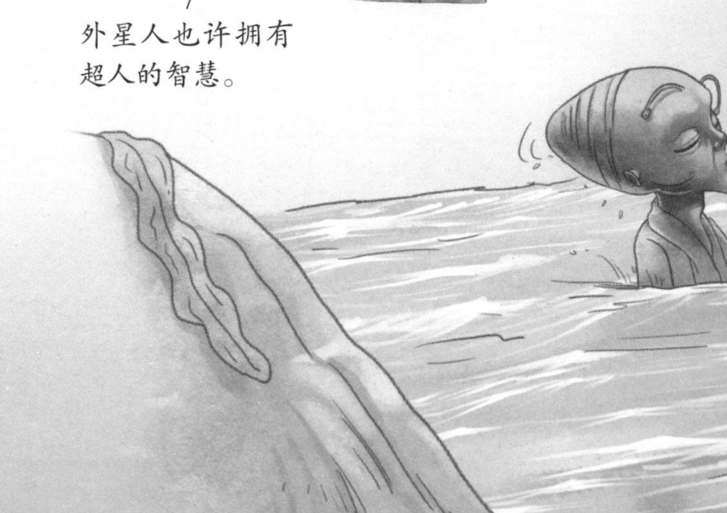

德雷克教授的计算

20 世纪 60 年代，美国有一位名叫德雷克的教授对地外文明产生了极大的兴趣。他相信宇宙中一定存在着多个文明，地球文明和地外文明取得联系只是时间问题罢了。德雷克还根据一些数据计算出了银河系可能存在的外星文明的数量。

▲ 德雷克

▶ 外星人生活场景设想图

寻找外星人

为了找到外星人，德雷克甚至创建了“地外智慧生物搜寻”（简称 SETI）计划。因此，他成了试图寻找外星文明的第一人。那么，截至目前，SETI 有什么新进展吗？

从统计学的角度来看

先不急着去看 SETI 的进展，我们先从统计学的角度来看看外星人存在的可能性。根据目前的科学技术，谁也没有办法准确无误地回答出银河系里究竟有多少颗恒星。而宇宙中又存在着如此多的星系，很多星系都比我们银河系要大得多。因此，从这个角度看，外层空间存在生命的可能性还是相当大的。

尚没有什么进展

SETI 项目一直在积极搜索地外文明。他们的天文台上有 30 多台望远镜，既可以用来搜索外星文明，也可以用来研究星系、黑洞和暗能量等宇宙问题。但是迄今为止，SETI 并没有接收到任何地外文明的信号。

外星人的思考

目前的一些研究认为，宇宙中任何两个可能存在的文明之间的平均距离至少是 200 光年。这就意味着即使我们能以光的速度前进，也要花费 200 年的时间才能到达另一个可能存在的文明社会。这对我们来说是不可能实现的事。可外星人有没有可能先搜索到我们的信号呢？毕竟，他们也有可能望向宇宙，思考自己是否是宇宙中唯一的文明。

SETI对宇宙的各种“杂音”进行提取，寻找来自银河系其他文明的无线电信号，但这如同大海捞针。

▲ 射电望远镜

▼ 外星人探索地球设想图

距离我们最近的外星文明见到的可能只是地球200年前的影像。

长袍马褂是清朝男子常穿的服饰。

看到一个清朝人

即使外星生物知道我们在这儿，而且能从他们的屏幕上看到我们，他们看到的也不过是 200 年前离开地球的光。那时候的中国人还是梳着长辫子、戴着瓜皮帽、穿着长衫的清朝人。而我们现在的信息要再等 200 年才能传到他们那里，那时候他们才能看到你和我现在的样子。

第二章 宇宙中的太阳系

浩瀚的宇宙中有上千亿个星系，银河系是其中非常普通的一个。但对我们来说，它可是个大家伙，包含着千亿颗大大小小的恒星，还有大量的星团、星云以及各种类型的星际尘埃，给我们带来阳光和温暖的太阳就是银河系中很不起眼的一颗恒星。接着，让我们来看一看我们身处的太阳系。

光临太阳系“家族”

太阳系位于银河系中的本地臂，由太阳、行星、卫星、小行星、彗星和其他行星际物质共同组成。既然叫“太阳系”，顾名思义，太阳肯定是整个太阳系的中心，其他行星都是围绕着太阳在运转。

▲ 太阳

水星

水星是距离太阳最近的行星。

金星

太阳系的形成

关于太阳系的起源，有一种说法是：太阳系是由一个旋转的原始星云在收缩的过程中逐渐形成的。在这个过程中，中心部分形成了太阳，一些较大的星云颗粒在引力的作用下聚拢，通过不断地撞击、吞噬，最终变成了现在的行星、围绕行星的卫星以及彗星等天体。太阳系就这么形成了！

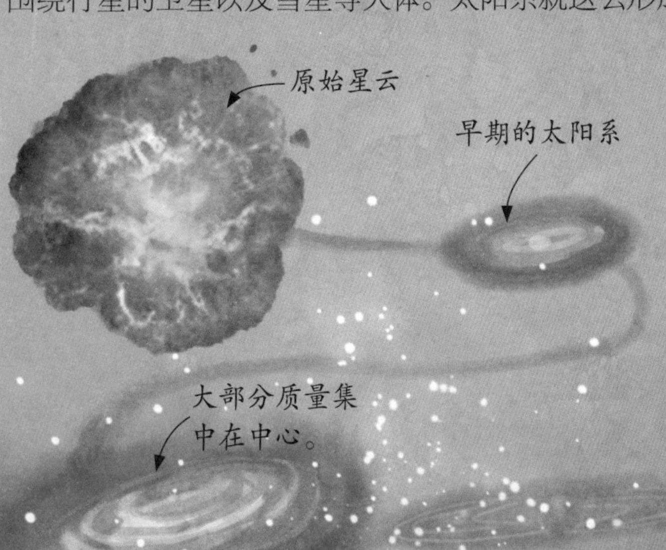

太阳系的形成

太阳系的行星

太阳系中有八大行星，分别是水星、金星、地球、火星、木星、土星、天王星、海王星。

宇航员

热烈的太阳

假若今天是晴天，那太阳公公一定会挂在空中。它看上去很小，就像一个篮球。但千万不要被这个假象迷惑，太阳其实非常巨大，地球在它面前就像一个小不点儿。太阳赋予我们光和热，没有太阳，地球上就不会有生命，更不会有我们人类。

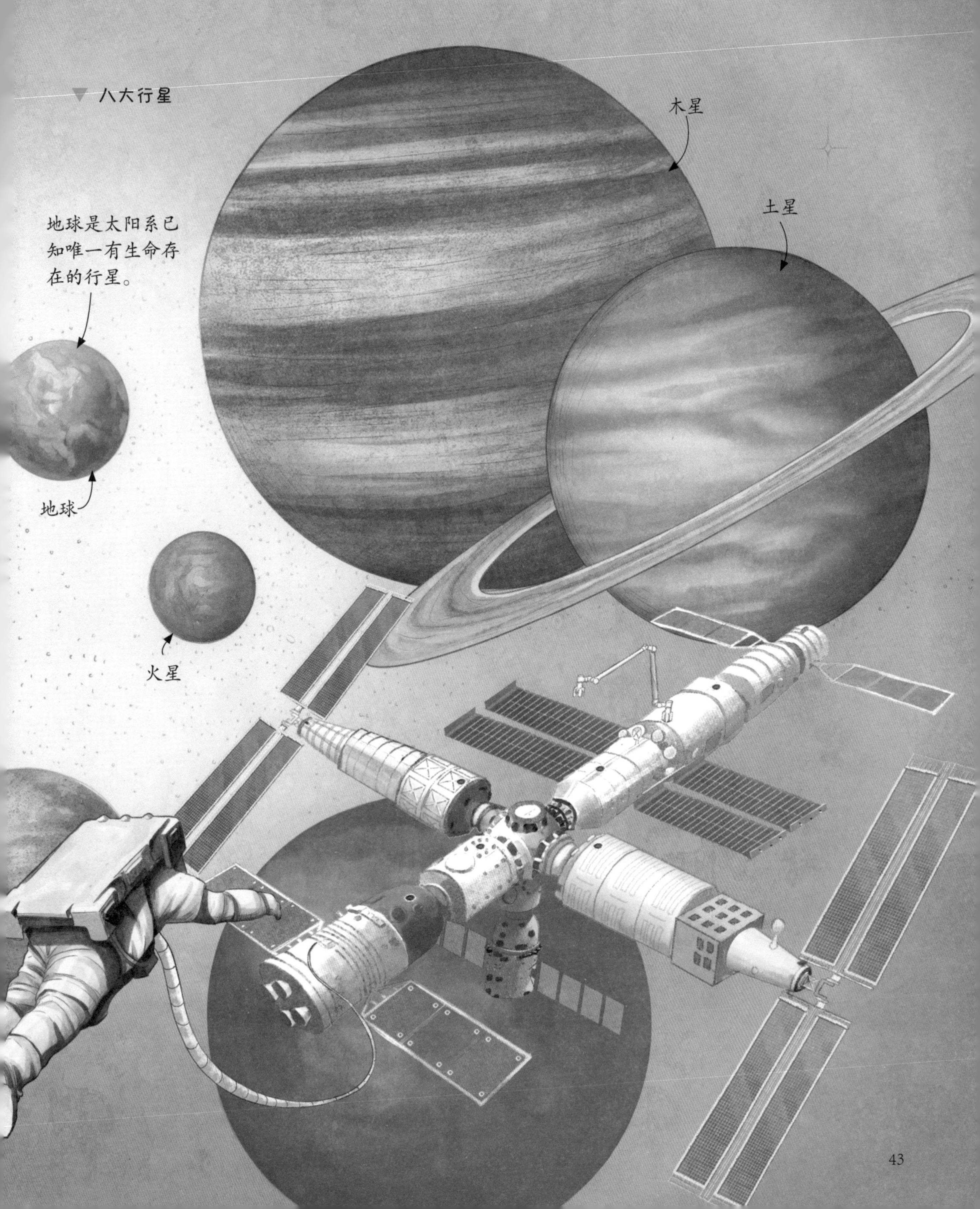

太阳——太阳系中的“大佬”

在太阳系“家族”中，太阳是绝对的“大佬”。从古至今，人们都把太阳看作生命的赐予者和能量的源泉。现在，太阳已经步入了中年阶段，老成练达，默默地守护着地球人的生活。

一颗大“洋葱”

太阳就像一颗洋葱，把这颗“洋葱”一层一层剥开，位于中心的是日核，高温和高压使这里发生核聚变，产生无比巨大的能量。产生的能量通过太阳的辐射层和对流层输送出去。

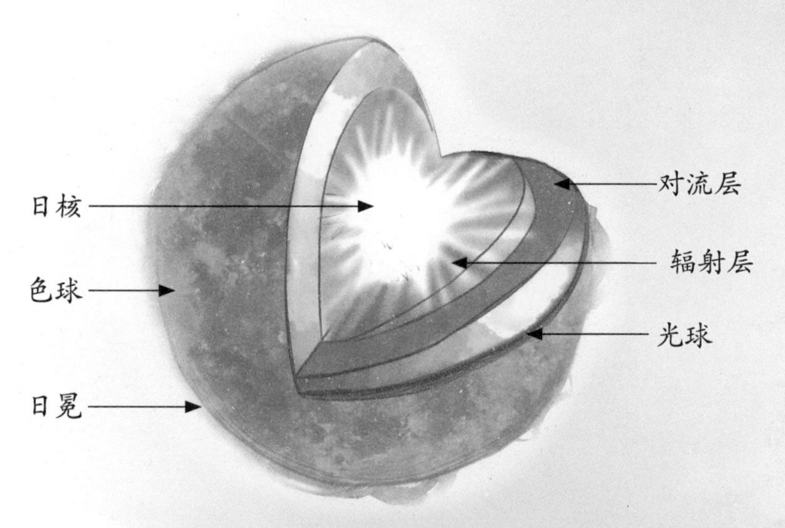

▲ 太阳的结构

太阳的质量几乎占了整个太阳系质量的99.86%。

太阳外边也有大气层

太阳外边的大气层包括光球（层）、色球（层）和日冕（层）。最内层的光球就是我们看到的太阳表面，地球接收到的太阳能量都是它发出的。光球外是色球，色球外，也就是太阳大气的最外层是日冕。因为色球和日冕的亮度远低于光球，所以色球和日冕被掩藏了，我们平时看不到，只有日全食的时候能看见。

▶ 对太阳进行监测

太阳对地球的影响

太阳大气的变化会对地球产生很大影响。1859 年，一次强度相当大的太阳耀斑爆发，导致全球的电报业务中断，所幸没有造成太严重的危害。科学家预测，如此强烈的太阳活动若发生在现代，很可能会对全球的电网、无线电通信等造成灾难性的影响。因此，对太阳活动进行监测和预报是很有必要的。

▼ 银河系

终将逝去的太阳

太阳现在正在稳定地燃烧，但恒星内部的氢，即热核反应的燃料，终有被消耗殆尽的那一天。到那时，太阳将开始坍缩。这将导致太阳的核心温度升高，密度增大，体积膨胀，变成一颗红巨星。不过，也不用太担心，太阳的生命刚走过一半，还可以稳定燃烧 50 多亿年。

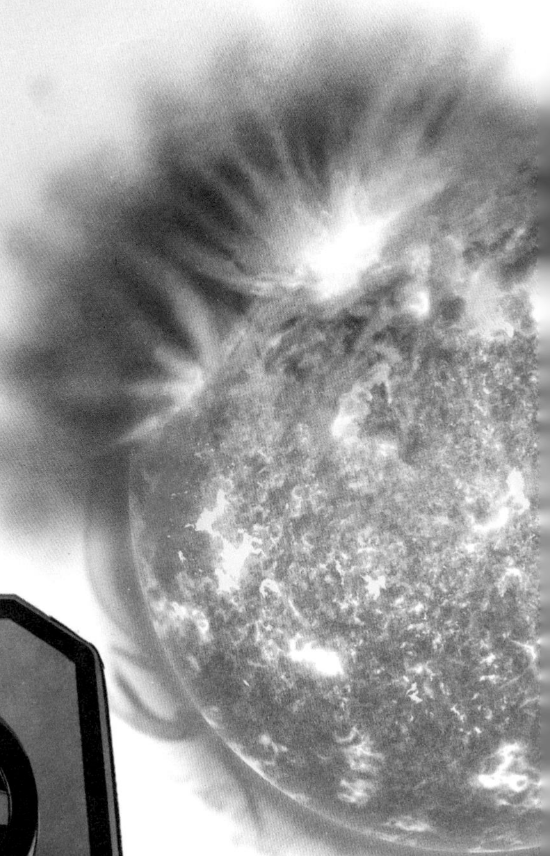

▲ 散发着光和热的太阳

水星——经常藏起来的行星

水星是距离太阳最近的一颗行星，也是太阳系里个头最小的行星。它经常会无缘无故地藏起来，这又是为什么呢？

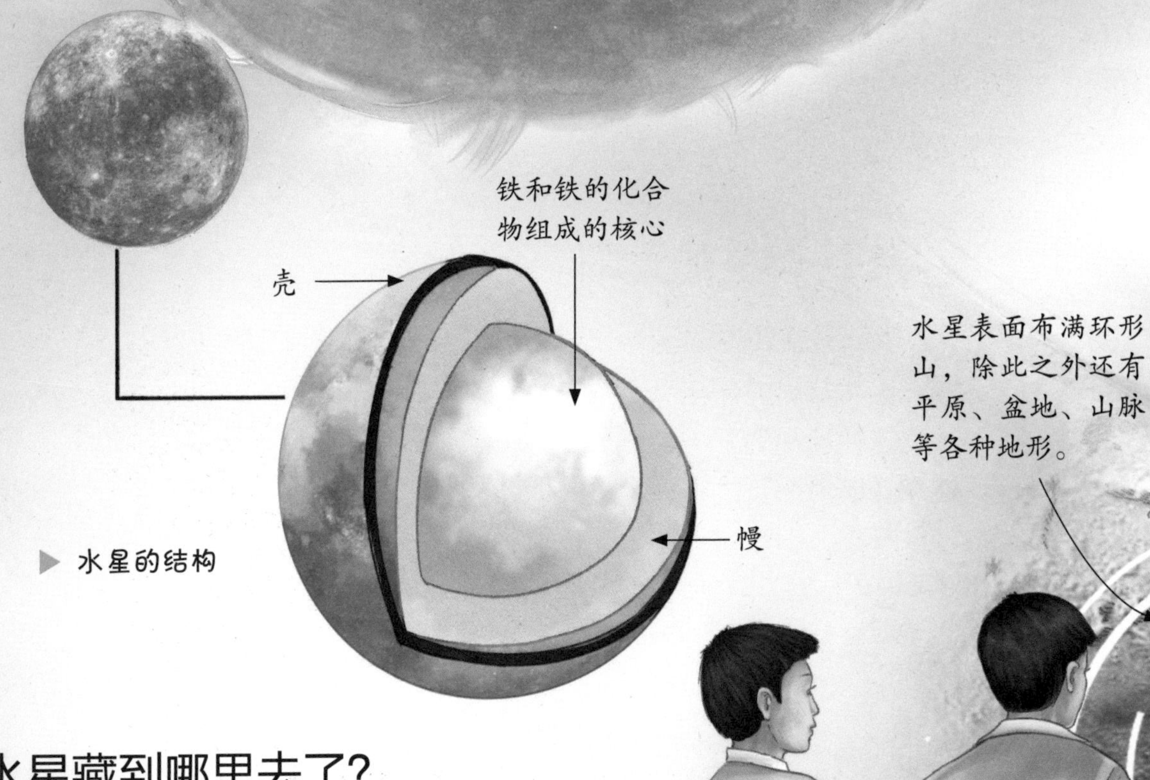

▶ 水星的结构

水星藏到哪里去了？

水星只有在日出和日落时才能被观测到，平时很难见到它的身影。水星不是故意藏起来的，只是它离太阳太近了，经常被太阳的光辉遮住。在八大行星中，水星一颗卫星也没有，它孤零零地围绕着太阳旋转，并且速度很快，是太阳系里公转速度最快的行星。

小身体，大重量

水星体积很小，但密度大。水星的壳和幔之下藏着一个巨大的内核，由铁和铁的化合物构成。在整个太阳系中，水星的密度仅次于地球。

水星凌日

水星的公转轨道并不是圆形的，而是一个椭圆形。它距离太阳很近，平均为 5791 万千米。当水星正好运行到太阳和地球之间时，我们就会看到一个小黑点在太阳上缓慢移动，这就是“水星凌日”现象。这种现象平均每百年会发生 13 次，我们一生中有很多机会能看到这一现象。

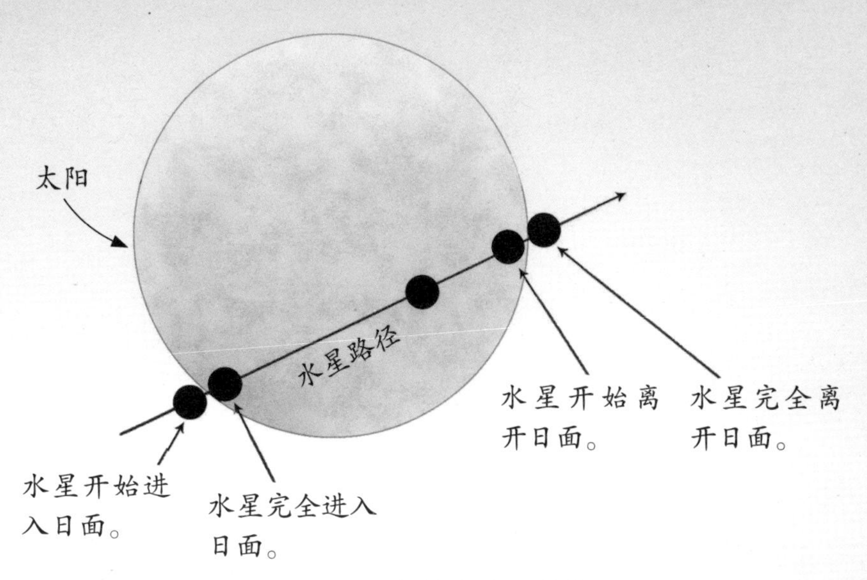

▲ 水星凌日示意图

水星的温差

由于离太阳很近，水星面向太阳的一面温度非常高，能达到恐怖的440℃。而背向太阳的一侧没有太阳的照射，温度可降至-160℃，堪称“冰火两重天”。

水星的“皮肤”不光滑

水星的表面坑坑洼洼，这都是太阳系刚形成时，小行星和流星撞击留下的陨石坑。这些大大小小的凹地，使水星的“皮肤”看上去不太光滑。

▼ 观察水星表面

金星——地球的“姐妹星”

金星在中国古代被称为“太白星”。

金星是除太阳、月亮以外最亮的天体。古时人们就因为它的闪耀，撰写了很多传奇故事。金星黎明出现在东方时，被古人称为“启明星”。当它傍晚在西方露面时，又被叫作“长庚星”“黄昏星”。

▲ 在地球上观测金星

“度日如年”的一天

与其他行星不同，金星是沿着顺时针方向缓慢自转的。如果你能在金星上待上一天，你会看到太阳西升东落。金星自转速度很慢，自转一周需要243个地球日，围绕太阳公转一周需要225个地球日。这意味着什么呢？意味着金星上的一天比一年还要长，“度日如年”用在这里再恰当不过了。

金星的构造

科学家们推测金星内部构造极有可能与地球相似。据推断，金星的内部有一个半径约3100千米的铁－镍“核”，中间层是主要由硅、氧等化合物组成的“幔”，而外面一层是主要由硅化合物组成的薄“壳”。因此，金星的密度在八大行星中仅次于地球和水星。

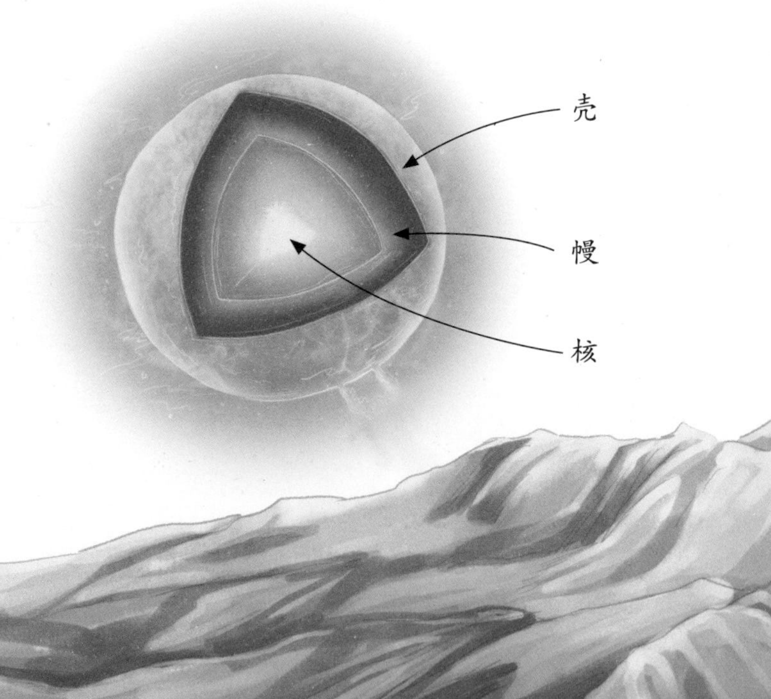

金星的地貌

金星的表面被厚厚的大气覆盖着，虽然它离地球很近，但我们无法用望远镜观察到它的模样。直到 20 世纪中后期，人类开始利用金星探测器探测金星表面，这才揭开了金星的神秘面纱。经探测发现，金星上有很多高地和低地，最高的山脉是麦克斯韦山脉，高出地面 1.1 万米。地球上最高的山峰珠穆朗玛峰海拔约 8849 米，这样一比，金星的最高山脉更胜一筹。

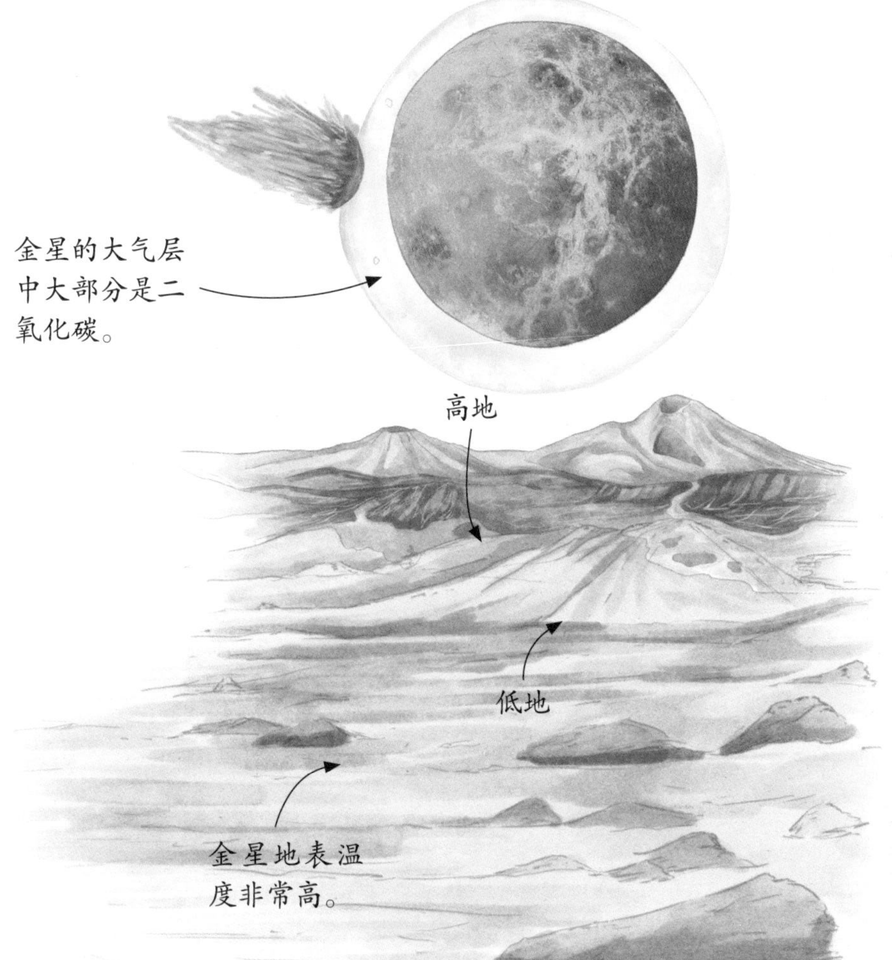

▶ 金星表面

金星上也有陨石坑吗?

在八大行星形成的过程中，被天体撞击是在所难免的。但相比其他行星，金星上的陨石坑不大，数量也很少。因为大多数陨石在撞击金星表面之前就被上空厚厚的大气烧毁了。一些体积比较大的陨石即使穿过大气层也没剩多少。

可以去金星上旅游吗?

如果未来我们可以进行星际旅行，将金星作为景点并不是个明智的选择。金星的环境非常恶劣，地表温度将近 500℃，大气压为地球的 90 倍。在这样的高温和高压下，没有任何地球生物可以生存，着陆到金星表面的航天器也只能工作一两个小时，时间一长就会被这里的高温高压摧毁。

▼ 被厚厚的大气覆盖的金星

我们的地球家园

在茫茫宇宙中，地球既渺小又普通；但在太阳系里，地球却是最为特别的。没有哪颗星球像地球这样，滋养着数以亿计的蓬勃生命，包括我们人类。接下来，我们一起去听听地球的自我介绍吧！

▼ 大气层可以保护地球

在地球引力作用下，大量气体聚集在地球周围，形成大气层。

大气层阻挡着撞向地球的“小石头”。

大家好，我的名字叫“地球”，是一颗美丽的蓝色星球。我是太阳系家族中的成员，也是目前唯一发现有生命存在的行星，这让我和我的行星朋友们显得有些不一样。

我总是穿着一件厚厚的大衣——大气层。这层“衣服”不仅能帮我保暖，还可以帮我拦截绝大多数外界飞来的“小石头”。

在大气层之下，我还穿着两件“衣服”，分别是水圈和生物圈。蓝色的海洋、辽阔的陆地分布着各种各样的生物，是它们让我呈现出生机勃勃的景象。

▼ 水圈和生物圈让地球变得美丽

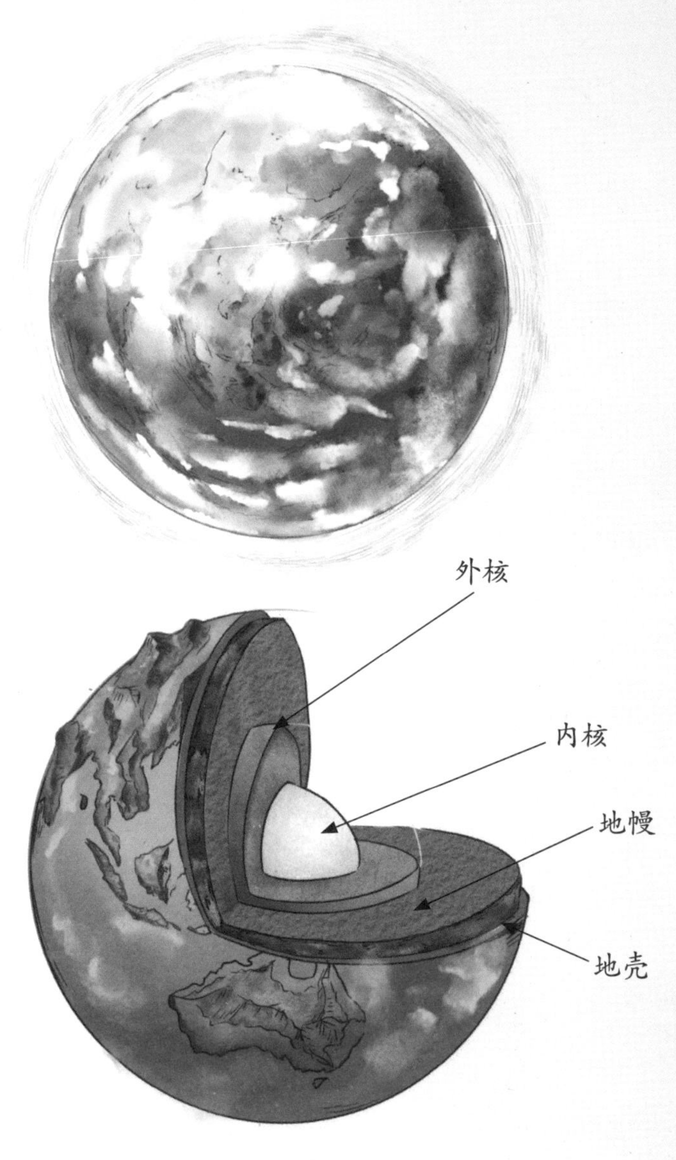

▲ 地球的结构

虽然我的身体是冰冷的岩石做的，但是我有一颗火热的心——地核。有时，我会因为身体内部的变化而发生激烈的地壳运动，使地面被拱起，发生弯曲或断裂，高山和河流就是这么产生的。有时，我会突然震怒，导致火山爆发、地震等灾害发生。这就需要大家多多了解我，在我发脾气时提前防范，保护好自己。

好了，这就是我的自我介绍，小朋友们看完后有没有对我多了解一些呢？

地球的结构

地球的内部结构可以分为三部分——地壳、地幔和地核。你可以拿出一个鸡蛋，然后把它想象成地球的样子，那么地核就是蛋黄，地幔就是蛋清，地壳则相当于蛋壳。

▲ 天文馆工作人员为参观者讲述地球的结构

“蛋壳”——地壳

什么是地壳呢？如果想知道答案，你只需要低下头看看脚下的地面，那就是地壳。地壳位于地球最表面，平均厚度大约是 17 千米，由风化壳残积物和坚硬的岩石共同组成。相对于整个地球而言，地壳很薄，大概只占整个地球体积的 1%。

“蛋清”——地幔

接下来，我们来看看地幔是什么。它介于地壳和地核之间，占了地球体积的大部分。地幔分为上、下两部分，上地幔是岩浆的发源地，物质处于熔融状态；下地幔内高温、高压、高密度，物质像沥青一样处于一种可塑的固体状态。

“蛋黄”——地核

假如人类真的钻出一口直通地心的井，会在地核看到什么呢？估计什么也看不清，因为我们在睁开眼睛之前，就已经被熔化了。地核分为内核与外核，外核的温度约为 3000℃，里面翻滚着铁水，内核的温度则高达 6000℃。

地球深井

地壳对整个地球来说很薄，但对人类来说却很厚！美苏两国在冷战期间暗自比拼着国家的各项实力，在这个背景下，苏联设立了一个科学钻探项目，在科拉半岛打出了一口超深勘测井。它的钻孔深度达到 12262 米。

▼ 科拉深井

火星——和地球最像的行星

火星位于地球和木星之间。它的体积比较小，只有地球的 15%，和庞大的木星比起来就显得更加袖珍了。但它和地球有很多的共同点，比如一天的时间都是差不多 24 个小时，都有四季变换和大气层，两极都有冰川，等等。

火星上没有生命

由于火星和地球存在一定的相似性，科学家们一度认为在火星上可能也有生命。但越来越多的科学研究表明，火星上存在生命的可能性极低。一是火星的大气层稀薄，不足以阻挡阳光中的大量紫外线；二是火星与地球相比温度更低，昼夜温差也大。也就是说，火星的环境并不利于生命生存。

▼ 未来的人类火星城

火星的两个“小跟班”

卫星是围绕着行星运行的小星球，就像行星的“小跟班”一样。火星有两个“小跟班”——火卫一和火卫二，它们还有两个名字，分别是福波斯和德莫斯。福波斯离火星很近，公转一周需 7 小时 59 分。德莫斯稍远一些，公转一周需 30 小时 18 分。

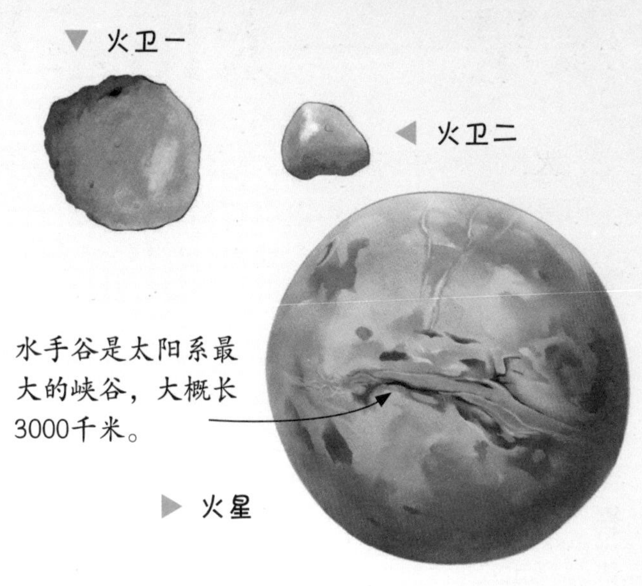

火星上一点儿也不热

火星上分布着很多火山，全太阳系最大的火山就是火星的奥林匹斯山，高度是珠穆朗玛峰的 2 倍多。除此之外，火星还十分干燥，被沙漠覆盖的地表无法存储液态水，强烈的沙尘暴也时常肆虐，卷起红色的土壤遮天蔽日，使整个星球都呈现出火一样的橘红色。与外表极不相符的是，火星上一点儿都不热，大部分时候温度低于 0℃。

“火星计划”

古往今来，人们一直对火星充满兴趣和幻想。从 1960 年开始，人类陆续向火星发射航天器，对火星展开探索和研究。水手号、火星号、海盗号、凤凰号……大量探测器给我们带回了很多火星的资料，增进了我们对火星的了解。

木星——太阳系里的行星之王

巨大而明亮的木星是太阳系里最大的行星，它的质量比其他行星质量的总和还要大。不过，和其他类地行星不同，它是一个气态行星。你是不是有点儿好奇了？我们一起去了解一下吧。

一颗巨大的气态行星

木星大到可以装下约 1300 个地球，质量却仅仅是地球的 318 倍左右。这是为什么呢？原来，木星是一个气态行星，主要成分是氢和氦等轻元素，所以体重会轻一些。

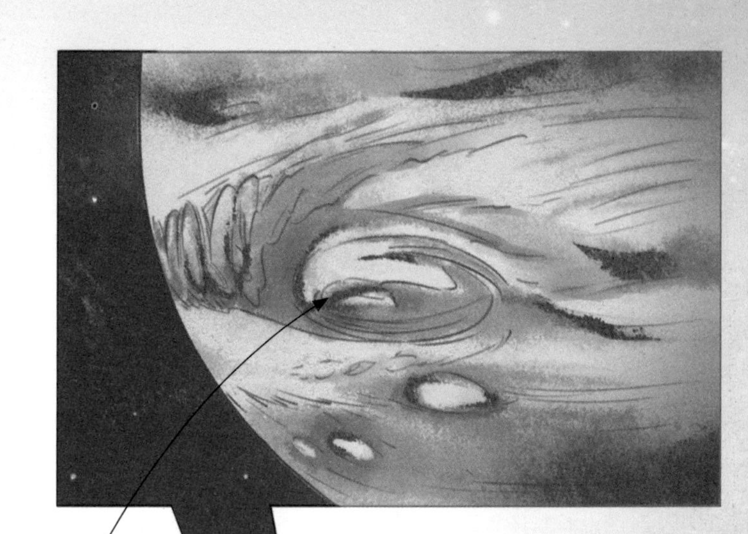

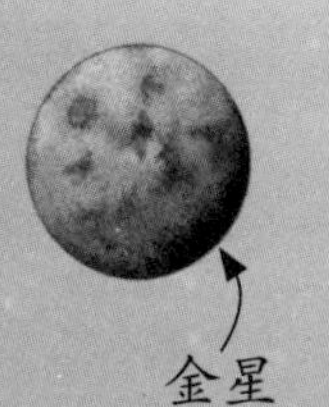

不太平的交界地带

根据纬度的不同，可以将木星的大气层分成多个带域，不同带域交界的地方不是很太平，总是出现一些乱流和风暴，其中最显著的例子便是“大红斑”。

大红斑是什么?

“大红斑”是木星上独特的大型风暴气旋。由于气流物质中含有红磷等有机物分子，所以大红斑呈现出橙红色。大红斑作为木星表面的显著特征，是一种像台风一样的气象现象。1664 年，天文学家卡西尼首次观测到位于木星南半球的大红斑。

▶ 木星的风暴气旋

▼ 木星极光

美丽的极光

当携带大量带电粒子的太阳风来到地球后，与地球上的磁场相互作用，极地地区就会在夜晚出现绚丽多彩的极光。木星也有磁场，且表面磁场强度是地球的 14 倍，就像有人在木星内部放了一个巨大的磁铁一样。当太阳风粒子和木星周围的大气发生碰撞时，木星上同样也会出现美丽的极光。

木星的卫星

在太阳系所有的行星里，木星的天然卫星是最多的，目前已经发现的就有70多颗，并且这个数字还在不断增加。这或许会让水星和金星非常羡慕，因为它们一颗卫星也没有。早在1610年，意大利天文学家伽利略就发现了木星的四颗卫星——木卫一、木卫二、木卫三和木卫四。因此，这四颗卫星也被称为“伽利略卫星”。

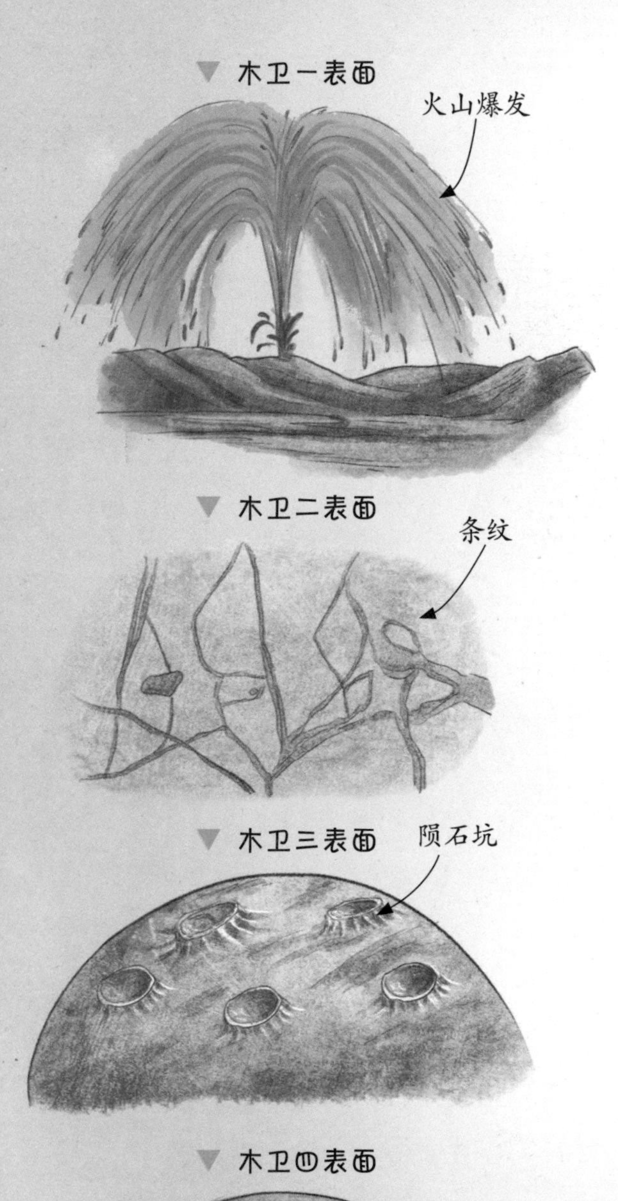

木卫一

木卫一的表面有许多活火山，经常向空中喷发气体和固体物质，是太阳系中地质活动最活跃的天体之一。

木卫二

木卫二的大小和月球相当，在它的表面既没有高山和深谷，也没有什么撞击坑，几乎全被冰覆盖着。冰面上还布满了纵横交错的条纹，这有可能是冰层的裂缝。在冰层之下，拥有丰富的液态水。

木卫三

木卫三个头很大。作为太阳系里最大的卫星，木卫三的体积比水星还要大。木卫三的表面明暗分明，暗区年代久远，布满了陨石坑；亮区比较年轻，上面布满沟槽和山脊。

木卫四

木卫四离木星比较远，它是太阳系里受撞击最严重的天体之一，已经存在数亿年了。木卫四是冰和岩石的混合物，体积比水星要小一些。

木卫三又叫“伽
尼墨得”。
木卫四又称“卡
利斯托”。
木星
木卫二又叫
“欧罗巴”。
木卫一又叫“艾奥”，
是最靠近木星的大型
卫星。
pi ci
pi ci

土星——有“腰带”的行星

土星是太阳系里第二大的行星。在太阳系的“大合照”中，我们一眼就能认出土星，因为它有点儿与众不同，是一颗有“腰带”的行星。

能漂浮在水里的行星

土星很大，它的体积是地球的几百倍，可质量却只有地球的 95 倍左右。为什么会这样呢？原因就是土星是一颗气态行星，因此它的质量相对较轻，密度也很小。如果你能找到一片足够大的海面，土星甚至可以漂浮其上。

◀ 可以漂浮在水上的土星

土星的卫星

目前为止，人类已经发现了146颗土星卫星，其中有又大又圆的主卫星、不规则的小型内卫星，以及位于土星环之外的微型外卫星。土卫六是第一颗被发现的土星卫星，也是土星最大、最独特以及太阳系里唯一一个拥有大气层的卫星。土卫六上有高山、沙丘、河流与湖泊。不过因为那里非常寒冷，所以并不适合人类居住。

土星环

土卫六又叫“泰坦”。

地球和土卫六

土星上的风暴

有时，我们能在土星上看到一些大的白色斑点，这是由巨型风暴引起的。最强的风暴多出现在土星赤道附近，风速可达每小时1700千米。

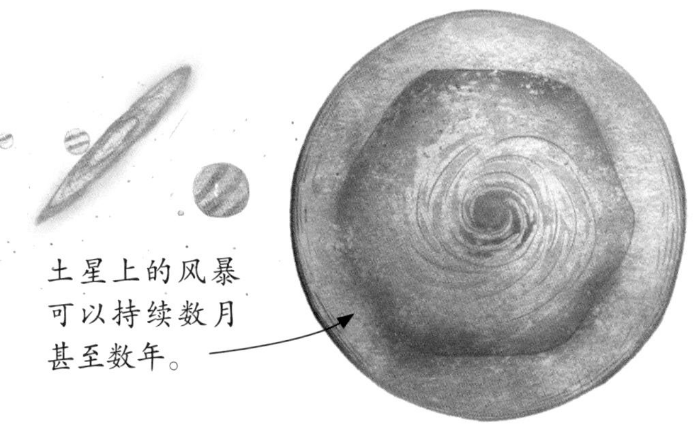

土星上的风暴可以持续数月甚至数年。

土星上的风暴

耳朵不见了

第一个观察到土星光环的人是伽利略。当他看到土星的两侧各有一个环状物，就推断这颗行星长了耳朵！可是在两年后，他惊讶地发现这两只耳朵不见了！40多年后，天文学家们才确认这两只“耳朵”是土星的光环。

为什么土星有“腰带”？

土星的“腰带”学名叫“行星环”。不止土星有行星环，木星、天王星和海王星也都有，只是土星的最明显罢了。土星环是由尘埃、岩石以及冰块构成的，环中有无数大小不一的颗粒，它们一起绕着土星运转。土星最亮、最宽阔的光环从外向内依次是A环、B环和C环。各个圆环之间都隔着一条缝隙，卫星在其中运行。

土星的光环由无数尘埃、岩石和冰块组成。

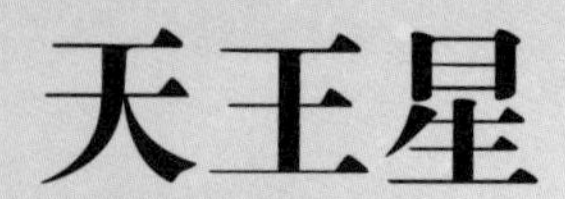

天王星

天王星是一颗颜值很高的行星，呈现出美丽的蓝绿色。它是在 1781 年被英国的赫歇尔用望远镜发现的，也是人类使用望远镜发现的第一颗行星。

▲ 赫歇尔

赫歇尔用自制的反射望远镜观测天空，发现了天王星。

天王星的构成

天王星的中心是一个石质的内核，这个内核的半径连天王星的五分之一都不到。中间是庞大的冰层，由水、氨等构成。最外面则是由氢和氦等气体组成的大气。由于天王星离太阳很远，所以它的温度非常低，是太阳系里温度最低的行星之一。

天王星是一个冰巨行星。

▶ “躺着”转的天王星

“躺着”的行星

天王星有点儿特别，其他行星的自转轴基本都是垂直于公转轨道平面，但是天王星的自转轴几乎要和公转轨道平面平行了，也就是说天王星几乎是在“躺着”转动。这就造成天王星的两极会轮流朝向太阳，每个极点都会经受大约 42 年的持续阳光照射，然后再经历 42 年的黑暗。

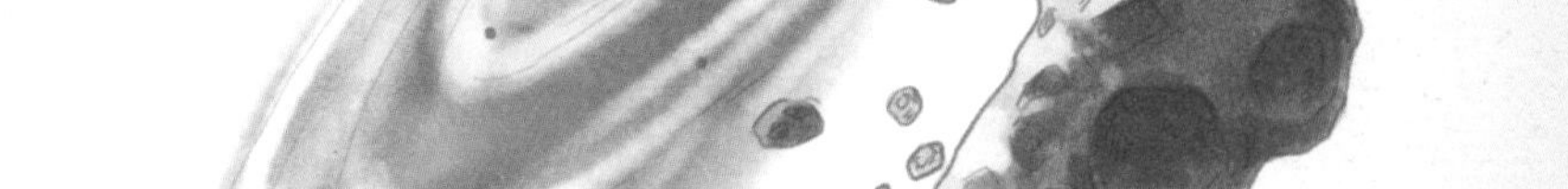

▲ 由粒子组成的天王星环

天王星为什么这么懒?

天王星“躺着”转,它为什么这么“懒”呢? 其实你冤枉它了。根据科学家的推测，在很久以前，可能有一个和行星差不多大小的天体撞上了天王星，产生的巨大推力一下子把它撞翻了。天王星没办法靠自己的力量站起来，只好就这样“躺着”运转了。

▲ 与天体撞击的天王星

天王星的光环

1977 年，天文学家在观测天王星时发现它旁边有几个模糊的光环，这是人类第一次发现天王星的光环。主要由石头和尘埃组成的光环又薄又暗，不仔细看还真发现不了。

天王星的卫星

天王星 27 颗天然卫星的名字基本都出自莎士比亚和蒲柏的作品，主要的 5 颗卫星名字分别是米兰达、阿里尔、昂布瑞尔、泰坦尼亚和奥伯伦。虽然名字很好听，但卫星上的环境却很恶劣，都和天王星一样寒冷。

天卫二又叫“昂布瑞尔”。

▲ 天卫二表面

天卫二

天卫二和天卫一同时被发现，因为常常被陨石撞击，所以上面布满了陨石坑，并且分布着一些起伏剧烈的火山口。天卫二表面非常暗，它反射的光大约只有天卫一的一半。

天卫一又叫“阿里尔”，名字出自英国诗人蒲柏的诗作。

▲ 天卫一表面

天卫一

天卫一发现于 1851 年，上面分布着一些深槽和陨石坑。随着时间的变化，天卫一的表面也在不断发生着变化。

天卫四

天卫四于 1787 年被赫歇尔发现，也是第一个被发现的天王星卫星。天卫四的最外层遍布陨石坑，在陨石坑底有许多暗区，可能已经被填满。

天卫四表面

天卫四又叫“奥伯伦”，是距离天王星最远的大卫星。

天卫三

天卫三的直径大约是 1600 千米，是天王星最大的卫星。天卫三表面布满了火山灰，说明这里曾经发生过火山活动，内部有过升温的迹象。

天卫三表面

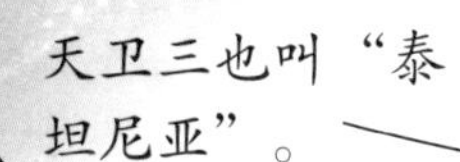

天卫五

天卫五的表面有两种截然不同的地形：一种是高低起伏，陨石坑密布，显得十分古老；另一种，陨石坑较少，应该比较年轻，并有近似平行的悬崖和山脊。

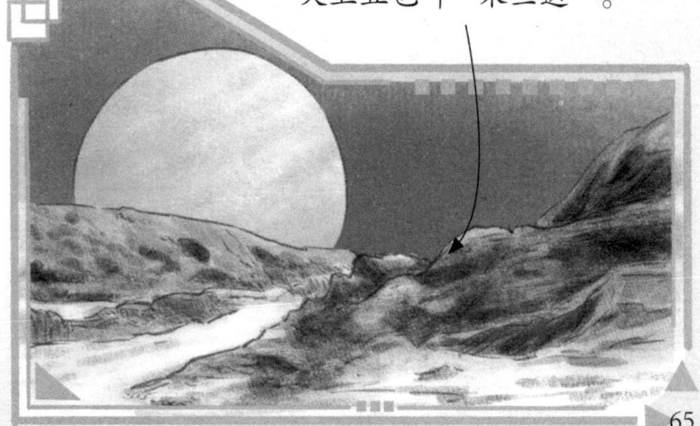

天卫五表面

海王星——黑暗又寒冷的行星

海王星是一颗美丽的蓝色行星，也是离太阳最远的一颗行星。它接收到的光和热比地球少得多，因此表面非常寒冷。

算出来的行星

海王星和其他行星有点儿不一样，它并不是被人们用望远镜发现的，而是被推算出来的。1846年，法国天文学家勒威耶和英国天文学家亚当斯根据天体力学理论，同时计算出了海王星的位置，之后德国天文学家伽勒才用望远镜发现了它。

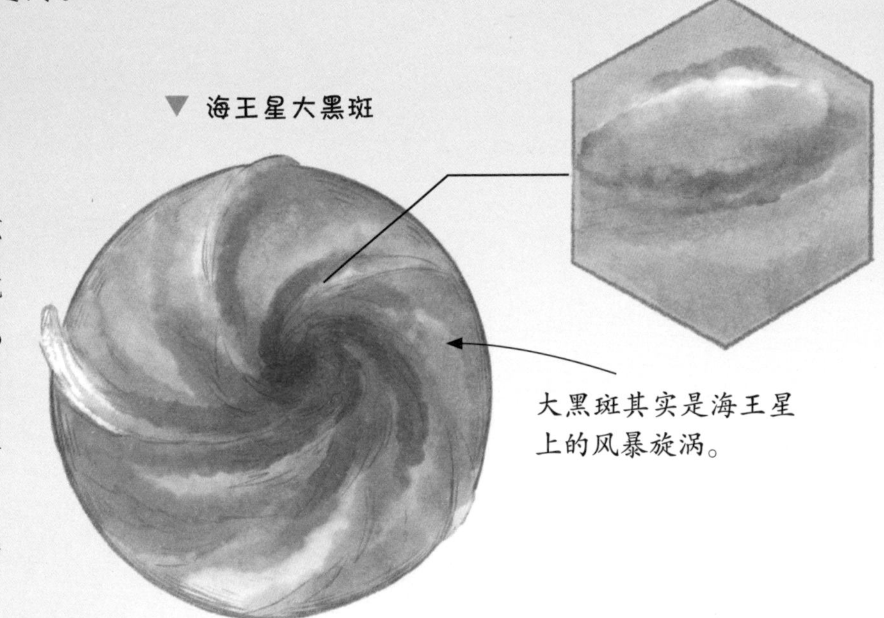

海王星的大气

海王星是冰巨行星，内层是岩石和冰组成的固态内核以及庞大的冰层，外层是氢、氦及少量甲烷构成的大气。海王星的大气层非常活跃，经常会发生大风暴。海王星能产生太阳系最强烈的风。

海王星的卫星

到目前为止，海王星有 14 颗卫星已被发现，其中最大的是海卫一。由于海卫一受到海王星引力的吸引，正一步步走向海王星。它的体积比月球稍小，并且和大多数海王星卫星的运行方向恰好相反。海王星的大多数卫星都比较小，海卫二的直径只有 340 千米，其他外卫星的直径都小于 200 千米。

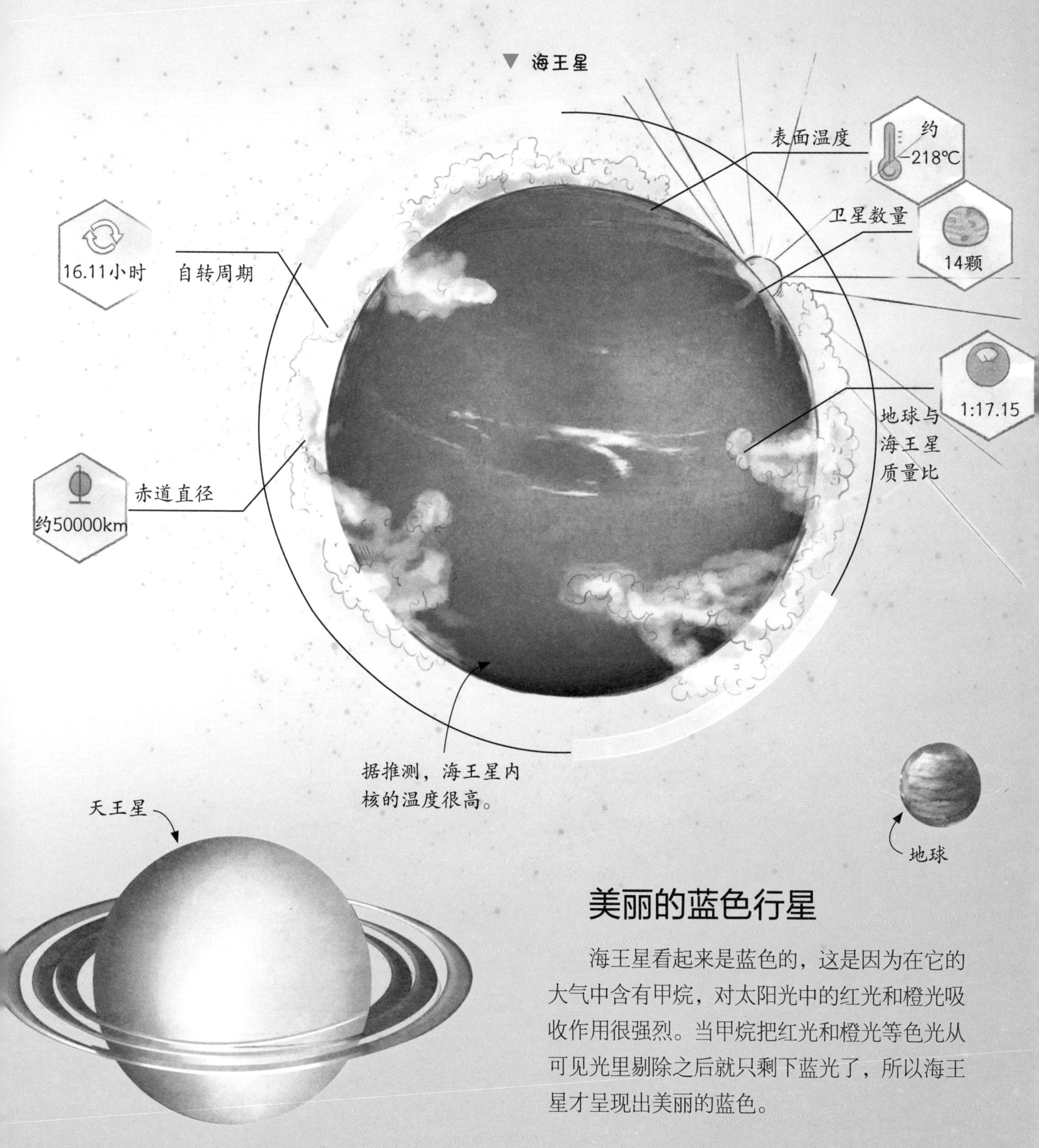

美丽的蓝色行星

海王星看起来是蓝色的，这是因为在它的大气中含有甲烷，对太阳光中的红光和橙光吸收作用很强烈。当甲烷把红光和橙光等色光从可见光里剔除之后就只剩下蓝光了，所以海王星才呈现出美丽的蓝色。

寻找冥王星

冥王星曾经被认为是离太阳最远、体积最小的行星。自从它被发现后，人类就把它列入九大行星的行列。但后来，它却被“踢出”行星行列，九大行星变成了八大行星，这是怎么回事呢？

错误的估计

1930 年，美国人汤博首次发现了冥王星。当时科学家们高估了它的大小，认为它与地球的个头差不多，就把它列入了九大行星的行列。后来的事实证明，这是个错误的认识。

被忽略的卫星

冥王星被发现后，在很长一段时间里人们都没有发现它的卫星。直到 1978 年，天文学家们才发现冥王星有一颗卫星。经过长期观测，人们发现冥王星还有 4 颗卫星，分别是冥卫二、冥卫三、冥卫四、冥卫五。

冥王星最大、最显著的特征就是它那标志性的“心”，被称为“冥王星之心”。

◀ 汤博

冥卫一——卡戎

冥卫一也叫“卡戎”，它是在极佳的天气情况下被发现的。这颗卫星比较特殊，因为它对于冥王星这颗行星而言太大了，那感觉就像地球有一个巨大的月亮。随着探测的深入，人们认为，卡戎和冥王星一起构成了一个冥卫双星系统。

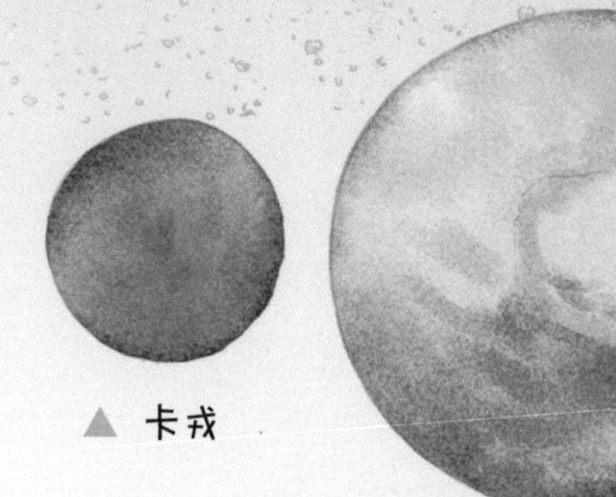

▲ 卡戎

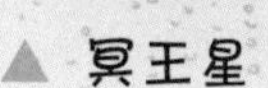

▲ 冥王星

光从太阳到达冥王星需要5.5小时。

柯伊伯带

柯伊伯带位于海王星以外的区域，这里分布着数百万颗围绕着太阳运行的天体，冥王星与其中最大的天体差不多大，后来也被归入其中。这里会形成一些短周期彗星。

被驱逐的冥王星

2006 年，国际天文学联合会将冥王星驱除出行星行列，划为矮行星。这是因为冥王星的质量很小，体积也比较小，而且并不是在黄道面上运动的，这些特征都不太符合行星的标准。再加上它与柯伊伯带中的天体明显更具有一致性，于是便被驱逐出了“行星之家”。

▼ 国际天文学联合会投票决定将冥王星降级

神秘的彗星家园

彗尾是彗星尾部明亮的延伸部分。

当靠近太阳时，彗核的一部分会由固体变成气体，形成彗发。一般来说，离太阳越近，彗发就越亮、越大。

彗核

▲ 彗星

彗星是什么?

彗星是太阳系的微小成员，住在太阳系的边缘,围绕着太阳运行。因为彗星是由尘埃和冰组成，所以就像一个“脏雪球”。当离太阳最近时，彗星的核心——彗核会释放出大量气体和尘埃，形成彗发。彗尾也多会在这时出现，有的可以长达上亿千米。

▼ 观测露台

在很长一段时间里，人们都把彗星视为“神秘的宇宙来客”，它们拖着长长的尾巴，到太阳系来看望我们，可是我们对它却知之甚少。它由什么构成？从哪里来？又是怎么到达这里的呢？

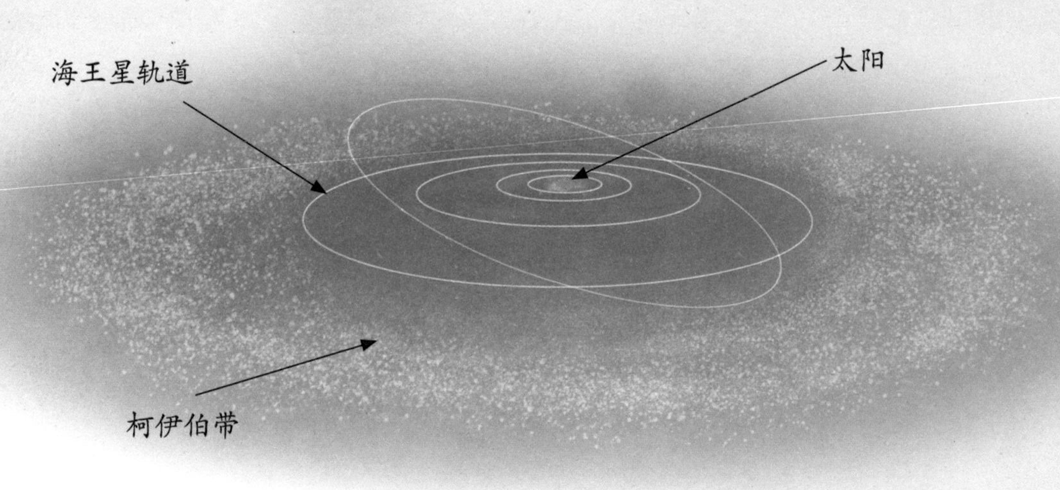

▲ 柯伊伯带

彗星的家园

1950 年，荷兰天文学家奥尔特指出，在太阳系的边缘存在着大量的彗星，它们都住在一个巨大的云体里。这个云体可以产生新彗星，因为离太阳很远，所以基本不受太阳辐射作用的影响。后来，为了纪念这位天文学家，人们就把这个云体命名为“奥尔特云”。

巨大的奥尔特云

如果真有奥尔特云的话，那么它一定是非常巨大的，甚至大到超出我们的想象。奥尔特云或许就存在于太阳系向星际空间过渡的某个地方，但是因为它距离我们实在太遥远了，所以即使用最先进的望远镜也无法看到它的身影。

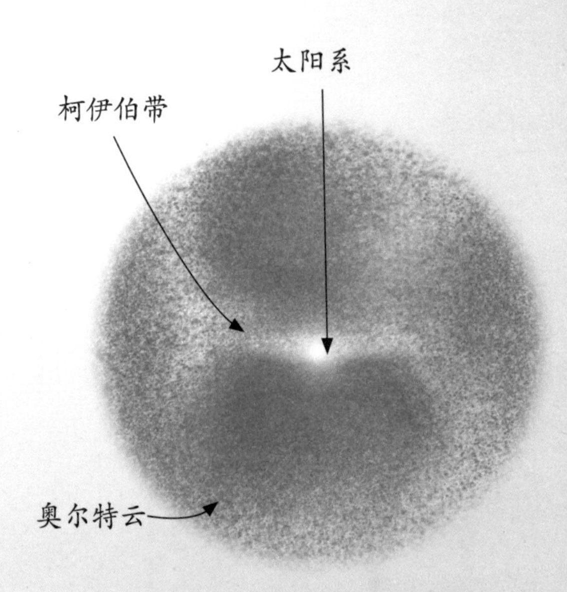

▲ 奥尔特云与柯伊伯带假想图

奥尔特云仍然是个谜

尽管人类从未观测到奥尔特云，但大多数天文学家都相信它的存在。在人类将航天探测器送达那里之前，奥尔特云将一直披着神秘的面纱。

来一场太阳系旅行

假如让你到太阳系的边缘看看那里到底有没有奥尔特云，相信你一定会去。大家都想来一场太阳系旅行。但不幸的是，凭我们现在的科技条件还无法实现这个旅行计划。不过，我们可以在脑海里想象一下乘飞船去旅行的情景。

静谧的太空

进入太空后，你就会发现“太空”这个名字真是太贴切了，因为这里真的又大又空，而且一点儿声音都没有。就算我们有幸亲眼看到某颗恒星“爆炸”，也听不到任何声音，因为声音在真空中是无法传播的。

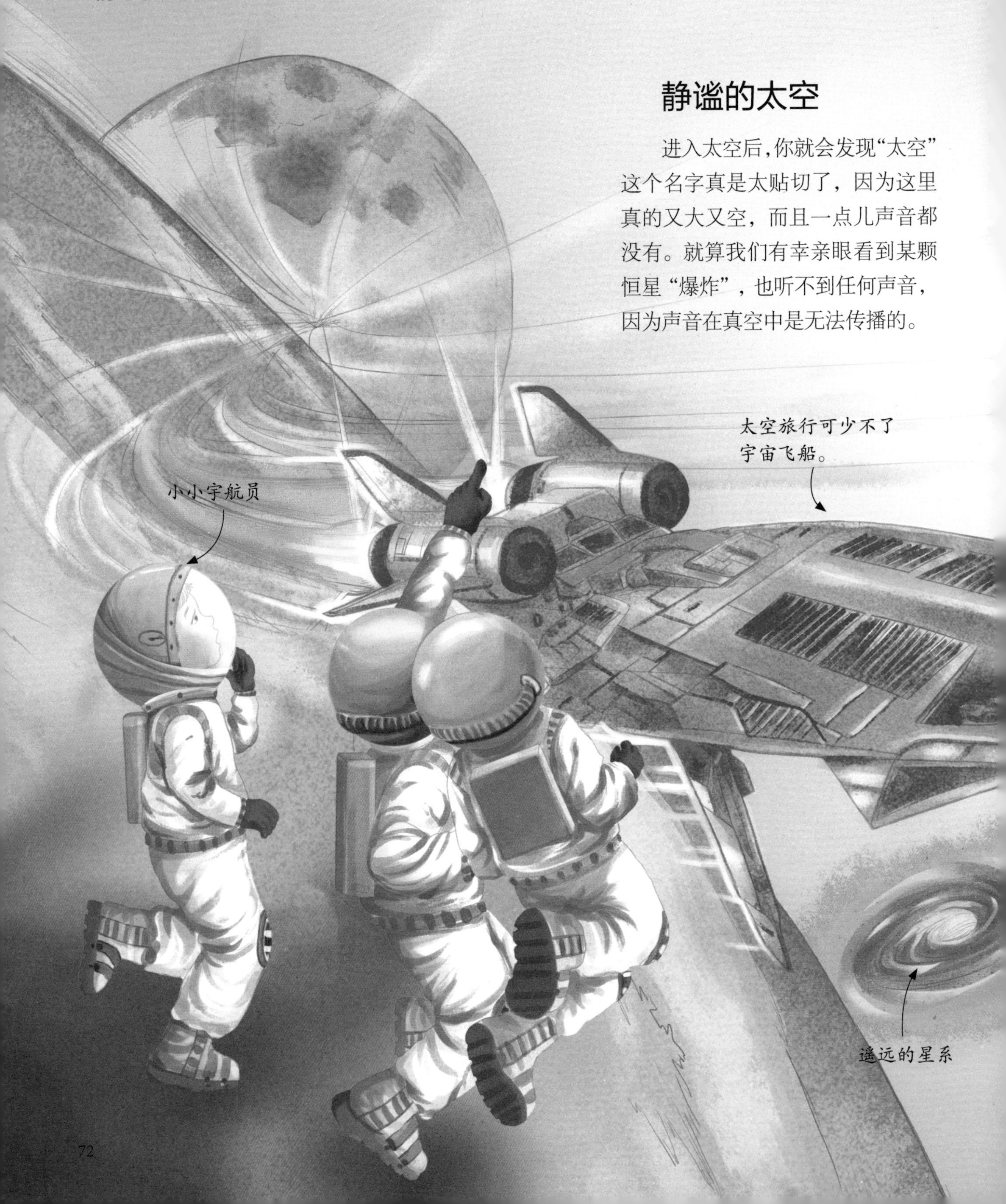

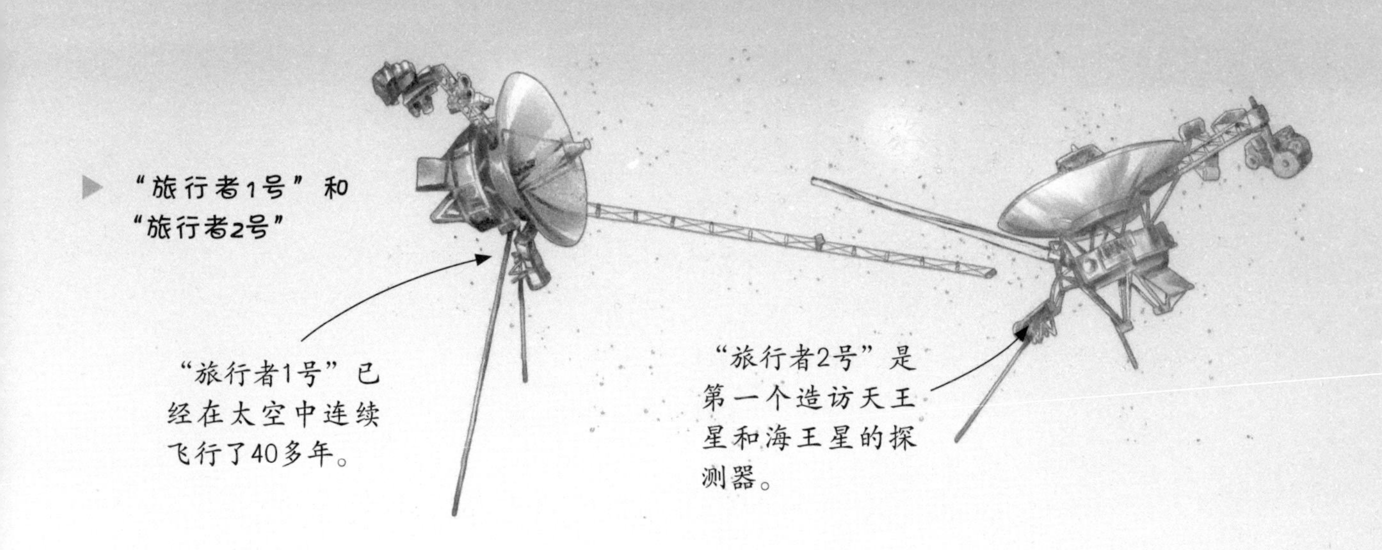

无法达到的速度

1977年,“旅行者1号”和“旅行者2号”发射升空。其中,“旅行者1号”的飞行速度比现有的任何飞行器都快。如果未来有一天,我们能造出每秒行驶30万千米的飞船,就能在2秒内到达月球。

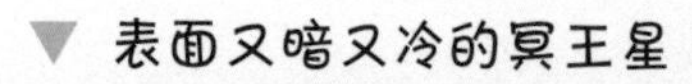

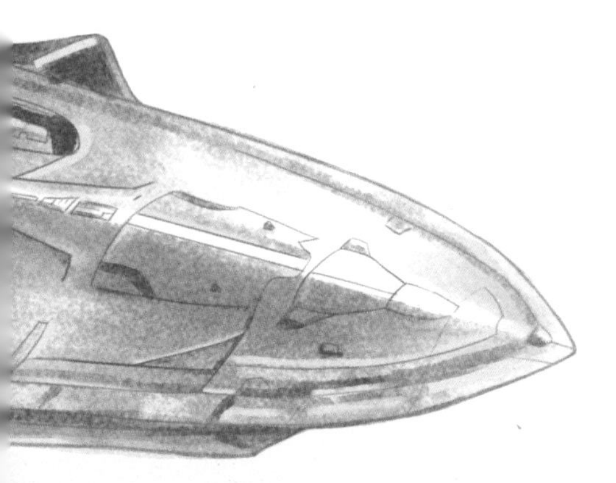

遥远的旅途

太阳系的外围分布着柯伊伯带。如果我们的飞船到了柯伊伯带,可以在冥王星上歇个脚,但要注意保暖,因为冥王星上是一望无际的冰原。从柯伊伯带继续向外,就能到达广袤的奥尔特云了。

纵览宇宙万物，
塑造全景历史观。

微信扫码

悦读精彩

看有趣的故事，
学伟大的历史。

读书笔记

掌上阅读工具，
记录每刻感悟。

万物简史 少年简读版

A BRIEF HISTORY OF EVERYTHING FOR CHILDREN

ISBN 978-7-5736-2065-1
定价：136.00元（全四册）

张玉光◉主　编

万物简史

少年简读版②

A BRIEF HISTORY OF EVERYTHING FOR CHILDREN

青岛出版集团 | 青岛出版社

张玉光

博士，研究员，国家自然博物馆副馆长，主要从事地质古生物学科研、科普，以及博物馆管理工作。至今已发表学术论文 70 余篇，出版科普图书《中生代王者归来》《史前动物大百科》《儿童恐龙大百科》《恐龙来袭》《恐龙化石会说话》等 10 余部。入选北京市“新世纪百千万人才工程”，科研成果获北京市科学技术（自然科学）一、二、三等奖，并多次获北京市科学技术研究院优秀科技成果奖。现为中国古脊椎动物学会理事、国家古生物化石专家委员会委员、北京市科普作协理事、北京动物学会理事等。